总主编 刘 旭 王力荣

ZHONGGUO GUOSHU
ZHONGZHIZIYUAN DUOYANGXING——XIANGJIAO

中国果树种质资源多样性 香蕉

黄秉智 吴元立 等 著

中国农业科学技术出版社

图书在版编目（CIP）数据

中国果树种质资源多样性.香蕉/刘旭，王力荣主编；黄秉智等著.--北京：中国农业科学技术出版社，2024.6
ISBN 978-7-5116-6136-4

Ⅰ.①中… Ⅱ.①刘…②王…③黄… Ⅲ.①香蕉－种质资源－多样性－研究－中国 Ⅳ.①S660.24

中国版本图书馆CIP数据核字（2022）第250862号

责任编辑　朱　绯　李　娜
责任校对　马广洋
责任印制　姜义伟　王思文

出 版 者	中国农业科学技术出版社
	北京市中关村南大街12号　邮编：100081
电　　话	（010）82109707（编辑室）　（010）82106624（发行部）
	（010）82109709（读者服务部）
网　　址	https://castp.caas.cn
经 销 者	各地新华书店
印 刷 者	中煤（北京）印务有限公司
开　　本	210 mm×285 mm　1/16
印　　张	8.25
字　　数	76千字
版　　次	2024年6月第1版　2024年6月第1次印刷
定　　价	70.00元

◆版权所有·侵权必究◆

《中国果树种质资源多样性》

总编辑委员会

总 主 编　刘　旭　王力荣

总 编 委（以姓氏笔画为序）

　　　　　王力荣　王仁梓　王永康　刘　旭　刘庆忠
　　　　　刘威生　刘崇怀　齐秀娟　江　东　李　明
　　　　　李登科　杨　勇　宋宏伟　张冰冰　陈洁珍
　　　　　郑少泉　赵密珍　高　源　高志红　黄秉智
　　　　　黄颖宏　曹玉芬　曹尚银　龚　鹏　董文轩

总 审 校　王力荣

编写委员会办公室

顾　　问　曹永生

主　　任　王力荣

秘　　书　谢景梅

成　　员（以姓氏笔画为序）

　　　　　于巧丽　王瑞丹　方　汈　卢　凡　庄　严
　　　　　崔改泵

《中国果树种质资源多样性》

出版委员会

主　　任　沈银书

副 主 任　崔改泵　白姗姗

成　　员（以姓氏笔画为序）

于建慧　马维玲　王惟萍　申　艳　田　静
朱　绯　刘　建　刘秀霞　李　华　李　娜
张志花　张诗瑶　金　迪　周　朋　周伟平
周丽丽　施睿佳　姜义伟　姚　欢　贺可香
倪小勋　高　鋆

《中国果树种质资源多样性——香蕉》

著者名单

主　　著　　黄秉智　　吴元立

著　　者　　黄秉智　　吴元立　　许林兵　　杨　护
　　　　　　杨兴玉　　曾鸿运　　何传章　　邓智敏

审　　校　　王力荣

著者工作单位　　广东省农业科学院果树研究所

总前言

中国果树栽培面积1.9亿多亩，位居世界第一。果树产业在落实大食物观，保障国家食物安全、生态安全、人民健康，助力农民增收中发挥着重要作用。果树种质资源是果树产业科技原始创新和现代种业发展的重要物质基础。中国是果树种质资源大国、世界重要果树的起源中心和多样性富集中心，是公认的"世界园林之母"。世界大宗果树野生近缘种一半以上起源于中国，主要果树栽培树种三分之一起源于中国。中国已设立了23个国家级果树种质资源圃，保存种质资源3万余份，位居世界前列。

遗传多样性是种质资源保护、研究和利用的核心，开展种质资源多样性研究是果树事业可持续发展的一项重要工作，有利于果树种质资源创新、保护和共享利用。为深入贯彻习近平总书记关于"种子"的重要指示精神，落实国家《种业振兴行动方案》部署，在党中央"全面推进乡村振兴、加快建设农业强国"战略部署下，在中国农业科学院开展重大科技任务宏观战略研究和推进重大科技任务发展规划要求下，中国农业科学院郑州果树研究所立足理论创新与应用基础研究，组织国内从事果树种质资源研究的专家学者，开展了多种果树种质资源多样性研究，旨在梳理中国果树种质资源物种多样性，明确遗传多样性家底和水平，推进果树种质科技信息资源向国家科技平台汇聚与整合，构建现代果树种业体系，为中国果业高质量发展提供种质资源共享服务。

《中国果树种质资源多样性》丛书是阶段性研究成果的集成，是全球首次出版的果树种质资源多样性基础工具书。该系列图书整理、整合、凝练了40余年的果树种质资源科研一手资料，参照国内外相关研究进展，由全国50多家科研单位、300余位科学家整理、编撰、补充，并经过反复论证、修改后形成。第一批共24卷，按照不同果树种类编写，便于查询使用。

本丛书是种质资源基础研究、遗传育种和产业应用的学术著作，主要特点如下：①数据采集历时40多年，主要以国家果树种质资源圃无性繁殖种质为材料，由实践经验丰富和理论水平高、长期从事果树种质资源研究的科学家编撰，权威性高；②数据资料涉及野生近缘种多样性、遗传多样性、生态多样性和种质多样性，其中的野外数据十分珍贵，积累的表型数据量庞

大，系统性强；③按照《农作物种质资源技术规范》丛书中果树种质资源描述规范与数据标准进行数据采集，规范性好；④以果树分类学、植物学、生态学、育种学、分子生物学等多学科交叉集成为内核，创新性强；⑤明确了中国20多个主要果树树种的遗传多样性，内容丰富、结构严谨、形式新颖、图片精美，可读性强。

果树种质资源的考察、收集、保护、鉴定、评价等工作得到国家科技资源共享服务平台、国家园艺种质资源库和农业农村部农作物种质资源保护项目的长期支持，得到国家科技基础条件平台中心和农业农村部种业管理司的具体指导，得到中国农业科学院和全国有关科研单位、高等院校及生产部门的大力支持，在此谨致诚挚的感谢！

由于时间紧、任务重，编写经验所限，书中难免有疏漏之处，恳请读者批评指正！

总编辑委员会

前 言

果树种质资源是指果树具有实际或潜在利用价值的、含有遗传功能单位的遗传材料，是果树品种培育、基础研究和生产发展所需要的遗传物质，包括野生资源、地方品种、选育品种、品系、遗传材料等，其形式有根、枝、叶、芽、花、果实、种子、组织、细胞和DNA等。果树种质资源多样性包括物种（野生近缘种）多样性、遗传多样性、生态环境多样性，是果树有机体与环境长期的相互作用下，通过遗传和变异、适应和选择而形成的。

香蕉（*Musa*. spp.）是芭蕉科（Musaceae）芭蕉属（*Musa*. L.）的多年生热带亚热带大型草本果树。香蕉原产于东南亚，在长期的自然和人为选择过程中形成了丰富多样的种质资源。香蕉种质资源有栽培品种资源和野生近缘植物，有50多个种和亚种。香蕉的近缘植物除了*M. fehi*（飞蕉）部分品种的果实可食用外，其余大部分近缘植物没有食用价值。香蕉栽培品种是由尖苞片蕉和长梗蕉这两个原始野生蕉经过种内突变和种内/种间杂交进化而来，栽培香蕉大致可分为AA、AAA、AB、BB、AAB、ABB、AAAA、AAAB、AABB和ABBB等基因型（组）。香蕉的栽培种或杂交栽培种首先划分为不同的基因组（group），进而划分为不同的栽培品种。有时基因组进一步细分为亚组（subgroup），AA、AAA、AAB、ABB等基因组都有很多亚组，如Cavendish亚组、Plantain亚组。栽培香蕉及野生蕉也有可能与近缘种杂交，形成一些新的基因型。

我国有较多的芭蕉属野生自然群体分布，且野生群体的遗传信息丰富、类型较多，证明我国处于香蕉起源中心的边缘地带。

香蕉具有极其丰富的遗传多样性。香蕉的植物学性状包括株形、花型、果型、叶型、假茎色、果色、花色等，是进行香蕉栽培品种鉴定的重要依据；香蕉的生物学性状，如果实品质风味等也具有多样化的特点，可以满足人们的不同需求。

全世界有100多个国家和地区种植香蕉，主要位于热带亚热带地区；然而香蕉种质资源的分布可延伸至温带地区，自然分布和人为栽培的地理位置主要取决于其耐寒性和生长、生态环境。野生近缘种和栽培蕉中含B基因香蕉的种植分布靠近南、北回归线。

种质多样性是物种多样性、遗传多样性和生态多样性的载体和表现形式。国家园艺种质资

源库中，香蕉种质圃保存了香蕉及其近缘野生种植物的种质资源330余份，包括野生资源、地方品种、育成品种、国外种质、优良品系及遗传材料等，分别采用田间种植、大棚设施保护种植、小植株盆栽种植和组培苗保存等方式保存。

《中国果树种质资源多样性——香蕉》由广东省农业科学院果树研究所主持完成，并得到全国果树资源研究同行及香蕉科研、教学和生产单位的大力支持，在此一并致谢。由于编著者水平有限，错误和疏漏之处在所难免，恳请读者批评指正。

著 者

2022年12月

目　录

1　野生近缘种多样性 ··· 1

1.1　尖苞片蕉 ·· 1

1.1.1　小果野蕉 ··· 1

1.1.2　Calcutta 4 ··· 2

1.1.3　美叶芭蕉 ··· 2

1.1.4　斑叶蕉 ·· 4

1.2　长梗蕉 ·· 5

1.3　阿宽蕉 ·· 7

1.4　芭蕉 ··· 9

1.5　芭蕉红 ··· 11

1.6　毛果蕉 ··· 11

1.7　云南指天蕉 ·· 13

1.8　粉饰蕉 ··· 14

2　遗传多样性 ·· 16

2.1　假茎 ·· 16

2.1.1　假茎高度 ·· 16

2.1.2　假茎颜色 ·· 17

2.1.3　假茎着色 ·· 18

2.1.4　假茎粗度 ·· 18

2.1.5　吸芽位置 ·· 19

2.1.6　刚抽生笋状吸芽颜色 ·· 19

2.1.7　水芽的叶片斑点 ·· 20

2.2	叶片	20
	2.2.1 叶姿	20
	2.2.2 叶柄沟槽横切面	20
	2.2.3 叶距疏密	21
	2.2.4 叶片长度	21
	2.2.5 叶片宽度	22
	2.2.6 叶片形状	22
	2.2.7 叶尖形状	23
	2.2.8 叶柄基部斑块	23
	2.2.9 叶柄基部斑点颜色	24
	2.2.10 叶柄边缘形状	24
	2.2.11 叶片基部形状	24
	2.2.12 叶片基部对称性	25
2.3	果穗	25
	2.3.1 位置	25
	2.3.2 果穗长度	25
	2.3.3 果穗粗度	26
	2.3.4 果穗形状	26
	2.3.5 果穗结构	27
	2.3.6 果穗柄	27
	2.3.7 果指排列	27
	2.3.8 果指位置	28
	2.3.9 雌花瓣颜色	28
2.4	花序轴	28
	2.4.1 花序轴位置	28
	2.4.2 花序轴外观	29
2.5	雄花蕾	30
	2.5.1 雄花蕾形状	30
	2.5.2 苞片外色	30
	2.5.3 苞肩形状	31
	2.5.4 苞尖形状	32
	2.5.5 苞片形状	32
	2.5.6 苞片蜡粉	32
	2.5.7 苞片上举	33
	2.5.8 苞片脱落前行为	33
	2.5.9 苞片顶部排列（重叠性）	33

	2.5.10 雄花脱落行为	34
	2.5.11 苞片内色	34
2.6	**雄花**	**35**
	2.6.1 合生花瓣底色	35
	2.6.2 雄花合生花瓣着色	36
	2.6.3 合生花瓣圆裂片颜色	36
	2.6.4 雄花游离花瓣颜色	36
	2.6.5 雄花游离花瓣尖端发育情况	37
	2.6.6 雄花游离花瓣的外观	38
	2.6.7 游离花瓣形状	38
	2.6.8 花柱突出情况	39
	2.6.9 花柱形状	39
	2.6.10 柱头颜色	40
2.7	**果实**	**41**
	2.7.1 生果皮色	41
	2.7.2 果顶花器残存	42
	2.7.3 果顶形状	43
	2.7.4 果柄合生	44
	2.7.5 果身合生（连体）	44
	2.7.6 果指毛性	45
	2.7.7 果柄长度	45
	2.7.8 果柄粗度	46
	2.7.9 熟果皮色	46
	2.7.10 果指形状	47
	2.7.11 果实大体形状	48
	2.7.12 果实横切面	49
	2.7.13 果指大小	49
	2.7.14 熟果肉色	50
	2.7.15 种子形状	51

3 生态多样性　53

3.1 地理分布　53
3.1.1 世界分布　53
3.1.2 中国分布　53

3.2 栽培模式产生的生态多样性　59
3.2.1 种植时期　59

	3.2.2 种苗	63
4	**种质多样性**	**64**
4.1	香蕉	64
	4.1.1 二倍体香蕉（AA）	64
	4.1.2 三倍体香蕉（AAA）	72
	4.1.3 四倍体香蕉（AAAA）	82
4.2	杂交蕉	83
	4.2.1 龙牙蕉类	83
	4.2.2 大蕉	99
	4.2.3 粉大蕉	101
	4.2.4 粉蕉	111
参考文献		114
《中国果树种质资源多样性》丛书分册目录		115

1 野生近缘种多样性

香蕉种质资源中野生近缘种的基因多样性十分丰富，至今已发现50多个种和亚种。芭蕉科芭蕉属植物分为真芭蕉（*Eumusa*）组、红花蕉（*Callimusa*）组、澳蕉（*Australimusa*）组、观赏蕉（*Rhodochlamys*）组和未鉴定蕉（*Incertae sedis*）组5个组（section）。真芭蕉组除了尖苞片蕉（*Musa acuminata*）和长梗蕉（*Musa balbisiana*）两个香蕉野生种以及它们的进化后代外，还有阿宽蕉（*M. itinerans*）、芭蕉（*M. basjoo*）、*M. schizocarpa*等11个种，染色体数$2n=22$红花蕉组（*Callimusa*）有*M. coccinea*（红蕉，指天蕉，芭蕉红）、腊红蕉（*M. beccarii*）、云南指天蕉（*M. paracoccinea*）、*M. gracilis*、*M. violascens*、*M. campestris*、*M. hirta*、*M. borneensis*、*M. exotica*等19个种，染色体数$2n=20$。澳蕉组（*Australimusa*）有蕉麻（*M. textilis*）、*M. peekelii*、*M. maclayi*、*M. bukensis*、*M. lolodensis*、*M. jackeyi*等15种，染色体数$2n=20$。观赏蕉组（*Rhodochlamys*）有阿希蕉（*M. rubra*）、毛果蕉（*M. velutina*）、红苞蕉（*M. laterita*）、粉饰蕉（*M. ornata*）、血红蕉（*M. sanguinea*）等11个种，染色体数$2n=22$。未鉴定蕉组（*Incertae sedis*）仅有巨型蕉（*Musa ingens*）1种。这些香蕉的近缘植物，除了飞蕉（*M. fehi*）部分品种的果实可食用外，其余大部分近缘植物没有食用价值。

1.1 尖苞片蕉

尖苞片蕉（*Musa acuminata* Colla）（别名：阿加蕉）野生种有许多亚种，如 *banksii*, *burmannica*, *burmannicoides*, *errans*, *halabanensis*, *malaccensis*, *microcarpa*, *rubrobracteata*, *truncata*, *siamea*, *sumatrana*, *zebrina* 等。果实有角状种子；授粉不良时，果实没有种子，果指不饱满。柄穗、果轴、花轴被褐色毛；雄花蕾卵形或圆锥陀螺形，先端急尖，苞片重叠，亮红色至深紫色。染色体$2n=22$。尖苞片蕉野生种及亚种是香蕉的祖先种和杂交蕉的原始种之一。

1.1.1 小果野蕉

小果野蕉（*Musa acuminata* ssp. *burmannicoides*）分布在我国云南省，多生长在湿度较大的山谷或山沟。叶姿直立，苞片外色紫红色、内色红色、尖端黄色、中等覆瓦状排列，雄花黄色，有花粉粒，种子起角（图1-1至图1-4）。

图1-1 小果野蕉植株

图1-2 小果野蕉果穗

图1-3 小果野蕉雄花蕾

图1-4 小果野蕉种子

1.1.2 Calcutta 4

Calcutta 4（*Musa acumiata* ssp. *burmannicoides*），分布于东南亚国家。植株直立，果实难发育，苞片紫色、外卷、中等覆瓦状排列，雄花黄色，有花粉粒（图1-5至图1-7）。

图1-5 植株

图1-6 果穗、花序轴和雄花蕾

图1-7 雄花蕾

1.1.3 美叶芭蕉

美叶芭蕉（*Musa acuminata* var. *sumatrana*）分布于东南亚国家，一般作为观赏植物种植。叶片长椭圆形、有大片红紫色斑块，果穗水平，花序斜生下垂，花蕾苞片重叠、红色，雄花浅黄色，有花粉粒，果实淡紫红色、果柄短，果指常不饱满、无食用价值（图1-8至图1-14）。

1 野生近缘种多样性

图1-8 美叶芭蕉植株

图1-9 美叶芭蕉果穗、花序轴和雄花蕾

图1-10 美叶芭蕉叶片

图1-11 美叶芭蕉果穗

图1-12 美叶芭蕉雄花

图1-13 苞片内色粉红白色

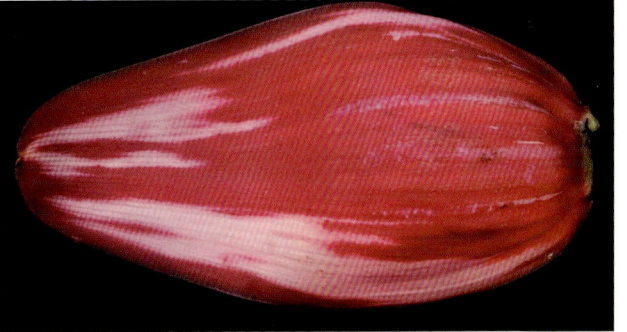
图1-14 苞片外色红色

1.1.4 斑叶蕉

斑叶蕉（*Musa acuminata* ssp. *zebrina*）分布于东南亚国家，一般作为观赏植物种植。叶片长椭圆形、有大片紫红色斑块，果穗水平，花序斜生下垂，雄花蕾椭圆形、苞片重叠、紫红色、外卷，雄花紫红色，有花粉粒，子房着紫红色，果实淡紫红色、果柄短，果指常不饱满。种子大部分为扁圆形，少部分起角，种皮粗糙，常为瘪籽（图1-15至图1-20）。

图1-15　斑叶蕉植株

图1-16　斑叶蕉果穗、花序轴和雄花蕾

图1-17　斑叶蕉雄花蕾

图1-18　斑叶蕉果穗

图1-19　斑叶蕉雄花

图1-20 斑叶蕉种子

1.2 长梗蕉

长梗蕉（*Musa balbisiana* Colla）（别名：伦阿蕉、野蕉），主要分布于东南亚国家，我国云南、海南、广东、广西等地有零星分布。假茎无黑斑着色，叶片直立，花序下垂，穗柄、果轴、花轴均无毛，雄花淡紫红色，有花粉粒，雄花先于苞片脱落，苞片紫红色、顶端圆钝，苞片打开后不往上卷，雄花蕾卵形或椭圆形。果穗下垂，果指排列紧贴，果有粉蕉型和大蕉型等，果肉白色，具多粒种子，种子黑色、近球形、直径5～6毫米、长4～5毫米，染色体2n=22（图1-21至图1-33）。该种是杂交香蕉的祖先种，从果实的形状、颜色等方面来看，至少有圆果野蕉和尖果野蕉等变种，前者果指似粉蕉，果实常披蜡粉；后者果指似大蕉，果指少或不披蜡粉。

图1-21 长梗蕉—圆果野蕉

图1-22 长梗蕉—尖果野蕉

图1-23 雄花蕾

图1-24 雄花

图1-25 长梗蕉—圆果野蕉

图1-26 长梗蕉—尖果野蕉

图1-27 长梗蕉尖果野蕉果梳

图1-28 长梗蕉尖果野蕉果梳背面

图1-29 长梗蕉尖果野蕉果梳果实与种子

图1-30 长梗蕉圆果野蕉果梳

图1-31 长梗蕉圆果野蕉果梳背面

图1-32 长梗蕉圆果野蕉果梳果实与种子

图1-33 长梗蕉种子

1.3 阿宽蕉

阿宽蕉（*Musa itinerans* Cheesman），也称走地蕉，广泛分布于我国的广东、海南、广西、福建、台湾等省（区）。

阿宽蕉的生长环境一般为潮湿的山谷或山沟坡地，多为长期有溪水流动的地方。

根茎（匍匐茎）发达，长度超过1米，从而使得抽生的吸芽远离母株。假茎连同叶片高3～6米，暗黄绿色，老时带紫色，常有宿存的枯叶。果实椭圆形或葫芦形，有大量种子。果柄长，3厘米以上；授粉成功的情况下果实有很多种子，未授粉时果实多未能发育；种子为不规则的多棱形，背腹压扁，具疣；果肉不能食用（图1-34至图1-47）。阿宽蕉有红果红蕾、红绿果红黄蕾、白果黄蕾、白果红蕾等几个类型的变种。

图1-34 阿宽蕉吸芽，远离母株蕉头

图1-35 阿宽蕉植株
（清远阿宽蕉）

图1-36 阿宽蕉果穗

图1-37 阿宽蕉雄花蕾

图1-38 阿宽蕉雄花

图1-39 阿宽蕉果梳

图1-40 阿宽蕉果梳

图1-41 阿宽蕉果指与种子

图1-42 阿宽蕉种子形状

图1-43 阿宽蕉种子苗

图1-44 红果红蕾阿宽蕉

图1-45 红绿果红黄蕾阿宽蕉

图1-46　白果黄蕾阿宽蕉　　　　　　　图1-47　白果红蕾阿宽蕉

1.4　芭蕉

芭蕉（*Musa basjoo* Siebold & Zucc.）原产日本，我国主要零星分布在长江流域的湖南、浙江、四川等地，是国内分布最北的蕉类资源，多生长于村庄附近，具有耐寒性；可栽培供观赏，假茎可取纤维，叶片也可作食物包裹材料，果实不堪食用，花苞可入药。假茎4~6米，绿色或黄绿色。叶片长1.5~3米，宽40~55厘米，叶柄长30厘米。花序开始横向生长，而后下垂，穗柄有毛；花序基部4~6梳为雌花，每梳具10~16朵花；雄花蕾卵形或圆形，顶端钝圆，苞片全重叠，呈黄绿色或带褐色晕；每苞片下方约有20朵雄花排列成二行，乳白色或黄色裂片。果穗平展至斜生；果指绿黄色，呈三棱形，长5~7厘米，直径2~3厘米，果柄极短；果实有白色果肉和大粒黑色种子，种子呈不规则角状（图1-48至图1-55）。

图1-48　杭州芭蕉植株　　　　图1-49　杭州芭蕉果穗、花序轴和雄花蕾

图1-50 杭州芭蕉果梳

图1-51 杭州芭蕉果梳背面

图1-52 杭州芭蕉果指

图1-53 杭州芭蕉种子

图1-54 湖南芭蕉

图1-55 湖南芭蕉雄花蕾
（花蕾苞片排列覆瓦状）

1.5 芭蕉红

芭蕉红（*Musa coccinea* Andr.）也称红蕉、指天蕉，属红花蕉组。主要分布在东南亚国家，引进我国后一般作为观赏植物零星种植。适合生长在湿润气候条件下。

指天蕉假茎高1.5～2米，花苞片红色，雄花的离生花瓣与合生花瓣近等长，花序轴无毛，花序和果实向上，果不能食用（图1-56）。

1.6 毛果蕉

毛果蕉（*Musa velutina* H.Wendl. & Drude）属观赏蕉组，原产东南亚国家，多作为观赏植物。适合生长在湿润气候条件下。

毛果蕉假茎高1～1.5米，直径5～7厘米，丛生，黄绿色。叶片长约1米，宽约35厘米，叶柄长45厘米。花序直立向上，基部为2～6梳两性花，橘红色；其上方为雄花，橘黄色；苞片粉红色，每次打开一片并向后反卷，雄花开放后苞片脱落。果实红色光亮，单排，有毛，长约7厘米，直径3～4厘米，果柄短，果肉白色有种子；种子黑色、扁圆形，直径4～6毫米，高2～3毫米，具疣；果实成熟近外皮纵裂、回卷，露出果肉及种子。高感枯萎病（图1-57至图1-63）。

图1-56 芭蕉红

图1-57 毛果蕉植株

图1-58 毛果蕉果穗、花序轴和雄花蕾

图1-59 毛果蕉雄花蕾

图1-60 毛果蕉雄花

图1-61 毛果蕉果指及种子

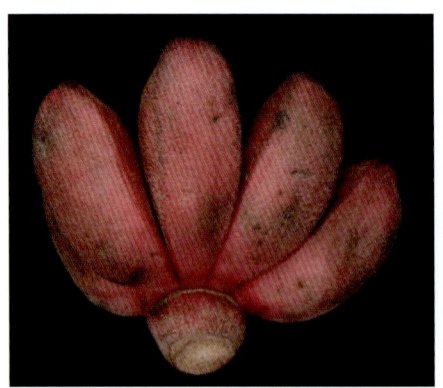
图1-62 毛果蕉果梳

图1-63 毛果蕉果梳背面

1.7 云南指天蕉

云南指天蕉（*Musa paracoccinea* A.Z.Liu & D.Z.Li）属红花蕉组，主要分布于东南亚国家，我国云南有零星分布，多作为观赏植物，适合生长在湿润气候条件下。

云南指天蕉假茎高2.5～3.5米，耐寒，果指朝下，花序向上，花蕾大红色，雄花黄色，有花粉粒，合生花瓣圆裂片绿色。果不能食用（图1-64至图1-67）。

图1-64　云南指天蕉植株

图1-65　云南指天蕉果穗、花序轴和雄花

图1-66　云南指天蕉雄花蕾

图1-67　云南指天蕉雄花

1.8 粉饰蕉

粉饰蕉（*Musa ornata* Roxb.），也称紫苞芭蕉，属观赏蕉组。原产东南亚国家，我国引进少量种植，多作为观赏植物。适合生长在湿润气候条件下。

粉饰蕉假茎高1.5～2米，丛生；叶姿直立，叶片长椭圆形，叶基不对称，叶柄沟槽开张，叶尖端圆形；花序和果指直立向上，雄花苞片披针形、紫粉红色呈小覆瓦状排列，内有3～5朵黄色花，游离花瓣椭圆形、无皱褶、尖端发育，游离花瓣与合生花瓣长度几乎相等长，合生花瓣圆裂片橙色，花药、花粉囊紫红色，花药3～5根，花柱凹陷；果梳单排果，果指成熟绿黄色，种子角状，果不能食用（图1-68至图1-75）。

图1-68 粉饰蕉植株

图1-69 粉饰蕉果穗、花序轴和雄花蕾

图1-70 粉饰蕉雄花蕾

图1-71 粉饰蕉雄花及苞片内色

图1-72 粉饰蕉雄花

图1-73 粉饰蕉雄花花柱、花药

1　野生近缘种多样性

图1-74　粉饰蕉果穗、果梳、果指

图1-75　粉饰蕉种子

2 遗传多样性

2.1 假茎

2.1.1 假茎高度

假茎高度是指从假茎与地面交界处至果轴从假茎抽出点的距离。香蕉假茎高度差异较大，从矮至高分为：超矮、矮、中等高、高、超高5种情况（图2-1至图2-5）。

图2-1 假茎超矮

图2-2　假茎矮　　　　图2-3　假茎中等高　　　图2-4　假茎高　　　　图2-5　假茎超高

2.1.2　假茎颜色

假茎颜色是指在不剥去外叶鞘的情况下，基部假茎表面底色，但不包括已干枯叶鞘的颜色。假茎颜色分为：红色、紫红色、紫粉红色、红绿色、黄绿色、中绿色、绿色、深绿色、蓝色、黑色等（图2-6至图2-15）。

图2-6　假茎红色　　　图2-7　假茎紫红色　　　图2-8　假茎紫粉红色　　图2-9　假茎红绿色

图2-10　假茎黄绿色　　图2-11　假茎中绿色　　　图2-12　假茎绿色　　　图2-13　假茎深绿色

图2-14　假茎蓝色　　　　图2-15　假茎黑色

2.1.3　假茎着色

假茎的着色分为：无着色、褐/锈褐色、紫黑色、黑色（图2-16至图2-19）。

图2-16　假茎无着色　　　图2-17　假茎着褐/锈褐色　　　图2-18　假茎着紫黑色　　　图2-19　假茎着黑色

2.1.4　假茎粗度

假茎的粗度分为：很粗、粗、中等粗、细、很细（图2-20至图2-24）。

图2-20　假茎很粗　　　图2-21　假茎粗　　　图2-22　假茎中等粗　　　图2-23　假茎细　　　图2-24　假茎很细

2.1.5 吸芽位置

吸芽抽生的位置和母株之间的距离以及吸芽的状态，分为：近且斜生、近且直生、远离母株3种情况（图2-25至图2-27）。

图2-25　吸芽近母株且斜生　　　　图2-26　吸芽近母株且直生　　　　图2-27　吸芽远离母株

2.1.6 刚抽生笋状吸芽颜色

刚抽生的吸芽高20～50厘米时，其颜色分为：黄绿色、紫红色、粉红色、被白粉、黑色（图2-28至图2-32）。

图2-28　吸芽黄绿色　　　　　　　　　　　　图2-29　吸芽紫红色

图2-30　吸芽粉红色　　　　　图2-31　吸芽被白粉　　　图2-32　吸芽黑色

2.1.7　水芽的叶片斑点

水芽生长至3～10片叶时，叶面的斑点状况。分为：无斑点、有狭窄斑点、有大块紫斑、有大面积紫斑4种情况（图2-33至图2-36）。

图2-33　水芽叶无斑点

图2-34　水芽叶有狭窄斑点

图2-35　水芽叶有大块紫斑

图2-36　水芽叶有大面积紫斑

2.2　叶片

2.2.1　叶姿

叶片的生长姿态分为：直立、开张、下垂3种（图2-37至图2-39）。

图2-37　叶片直立

图2-38　叶片开张

图2-39　叶片下垂

2.2.2　叶柄沟槽横切面

通常用叶柄中部位置的横切面来描述，分为：边缘交叠、边缘向内弯、沟槽直且边缘直立、沟槽宽阔且边缘直立、沟槽开张且边缘外展5种情况（图2-40）。

1. 边缘交叠； 2. 边缘向内弯； 3. 沟槽直且边缘直立； 4. 沟槽宽阔且边缘直立； 5. 沟槽开张且边缘外展

图2-40　叶柄沟槽横切面形状

2.2.3　叶距疏密

叶距是指抽蕾时或接近抽蕾时叶柄与叶柄之间的距离，分为：疏、中等、密（图2-41至图2-43）。

图2-41　叶距疏　　　　　图2-42　叶距中等　　　　　　　　图2-43　叶距密

2.2.4　叶片长度

叶片长度分为：特长、长、中等长、短、超短5种情况（图2-44至图2-48）。

图2-44　特长

图2-45 长　　　　　图2-46 中等长　　　　　图2-47 短　　　　　图2-48 超短

2.2.5 叶片宽度

叶片宽度分为：特宽、宽、中等、窄、特窄5种情况（图2-49至图2-53）。

    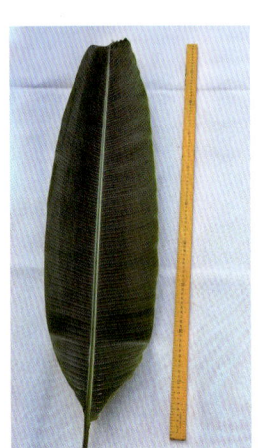

图2-49 特宽　　　图2-50 宽　　　图2-51 中等　　　图2-52 窄　　　图2-53 特窄

2.2.6 叶片形状

叶片的形状分为：披针形、长椭圆形、椭圆形、卵形、圆形（图2-54至图2-58）。

图2-54 披针形　　　图2-55 长椭圆形　　　图2-56 椭圆形　　　图2-57 卵形　　　图2-58 圆形

2.2.7 叶尖形状

叶尖的形状分为：锐尖、尖、钝尖、钝、钝圆、圆或截形6种情况（图2-59至图2-64）。

图2-59 锐尖

图2-60 尖

图2-61 钝尖

图2-62 钝

图2-63 钝圆

图2-64 圆或截形

2.2.8 叶柄基部斑块

叶柄基部斑块分为：无着色、少量斑块、大斑块、大片着色4种情况（图2-65至图2-68）。

图2-65 无着色

图2-66 少量斑块

图2-67 大斑块

图2-68 大片着色

2.2.9 叶柄基部斑点颜色

叶柄基部斑点颜色分为：褐、深褐、黑褐、紫黑、棕红等（图2-69至图2-73）。

图2-69　褐色斑点　　图2-70　深褐色斑点　　图2-71　黑褐色斑点　　图2-72　紫黑色斑点　　图2-73　棕红色斑点

2.2.10 叶柄边缘形状

叶柄边缘形状分为：翼状且呈波浪状、翼状且不紧抱假茎、翼状且紧抱假茎、非翼状且紧抱假茎和非翼状且不紧抱假茎（图2-74至图2-78）。

图2-74　翼状且呈波浪状　　图2-75　翼状且不紧抱假茎　　图2-76　翼状且紧抱假茎　　图2-77　非翼状且紧抱假茎　　图2-78　非翼状且不紧抱假茎

2.2.11 叶片基部形状

叶片基部形状分为：两边圆、一边圆一边尖、两边尖3种情况（图2-79至图2-81）。

图2-79　两边圆　　　　　　图2-80　一边圆一边尖　　　　　　图2-81　两边尖

2.2.12 叶片基部对称性

叶片基部对称性分为：对称、近对称、不对称3种情况（图2-82至图2-84）。

图2-82 对称　　　　　　　　　　图2-83 近对称　　　　　　　　　　图2-84 不对称

2.3 果穗

2.3.1 位置

根据香蕉果穗偏离垂直方向的角度，将果穗位置分为：向下垂直、微斜、斜生、水平、向上直立5种情况（图2-85至图2-89）。

图2-85 向下垂直　　图2-86 微斜　　图2-87 45°角下垂（斜生）　　图2-88 水平　　图2-89 向上直立

2.3.2 果穗长度

果穗长度分为：超长、长、中等长、短、超短等几种情况（图2-90至图2-95）。

图2-90 超长　　图2-91 超长　　图2-92 长　　图2-93 中等长　　图2-94 短　　图2-95 超短

2.3.3 果穗粗度

根据果穗中部的直径或周长大小分为：超粗、粗、细、超细等（图2-96至图2-99）。

图2-96 超粗

图2-97 粗

图2-98 细

图2-99 超细

2.3.4 果穗形状

收获时果穗形状分为：长圆柱体、短圆柱体、截锥体、不对称和果轴弯曲5种（图2-100至图2-104）。

图2-100 长圆柱体

图2-101 短圆柱体

图2-102 截锥体

图2-103 不对称

图2-104 果轴弯曲

2.3.5 果穗结构

果指结构是指果指在果穗的排列状况,分为:疏松、紧凑、很紧凑(图2-105至图2-107)。

图2-105 疏松　　　　　　　图2-106 紧凑　　　　　　　图2-107 很紧凑

2.3.6 果穗柄

根据果穗柄上绒毛着生的情况分为:无毛、少毛、多毛且短毛、多毛且长毛等情况(图2-108至图2-111)。

图2-108 无毛　　　　图2-109 少毛　　　　图2-110 多毛且短毛　　　图2-111 多毛且长毛

2.3.7 果指排列

根据果指在果梳中的排列情况分为:单排、双排但果指分生、双排且果指并生(图2-112至图2-114)。

图2-112 单排　　　　　　图2-113 双排但果指分生　　　　图2-114 双排且果指并生

2.3.8 果指位置

以果轴为参照物，根据采收时果指的生长方向分为：果指弯向果轴、果指平行于果轴、果指上弯45°、果指垂直于果轴、果指下垂5种情况（图2-115至图2-119）。

图2-115 果指弯向果轴

图2-116 果指平行于果轴

图2-117 果指上弯45°

图2-118 果指垂直于果轴

图2-119 果指下垂

2.3.9 雌花瓣颜色

雌花开放时花瓣的颜色分为：白色、奶油色、黄色、橙色、粉红色、紫红色6种（图2-120至图2-125）。

图2-120 白色

图2-121 奶油色

图2-122 黄色

图2-123 橙色

图2-124 粉红色

图2-125 紫红色

2.4 花序轴

2.4.1 花序轴位置

花序轴在果穗之后的生长位置分为：垂直向下、角度向下、弯曲下弯、水平伸展、直立向上5种（图2-126至图2-130）。

图2-126 垂直向下　　图2-127 角度向下　　图2-128 弯曲下弯　　图2-129 水平伸展　　图2-130 直立向上

2.4.2 花序轴外观

采收时花序轴的外观分为：裸露、仅具中性花（开1至几梳中性花后裸露）、靠近花序轴顶端的一侧具雄花或苞片、被中性花或雄花及残存苞片包裹、被中性花或雄花包裹但无残存苞片、雄花蕾以上是由中性花或两性花发育而成的小果、中性花或雄花后又长小果穗无花序轴等（图2-131至图2-138）。

图2-131 裸露　　图2-132 具中性花（1至几梳，以下裸）　　图2-133 靠近雄蕾部分具雄花或苞片　　图2-134 被中性花或雄花及残存苞片包裹

图2-135 被中性花或雄花包裹但无残存苞片　　图2-136 雄花蕾以上是由中性花形成的小果　　图2-137 有小果穗　　图2-138 无花序轴

2.5 雄花蕾

2.5.1 雄花蕾形状

采收时雄花蕾的形状分为：陀螺形、披针形、近椭圆形、卵形、圆形和扁圆形（图2-139至图2-144）。

图2-139 陀螺形　　图2-140 披针形　　图2-141 近椭圆形　　图2-142 卵形　　图2-143 圆形　　图2-144 扁圆形

2.5.2 苞片外色

附在雄花蕾的第一张苞片，其外表面的颜色分为：亮红色、褐红色、橙红色、红黄色、黄褐色、带红绿黄、黄绿色、紫粉红色、紫红色、紫色等（图2-145至图2-160）。

图2-145 亮红色 　　图2-146 褐红色 　　图2-147 橙红色 　　图2-148 红黄色

图2-149 红黄色 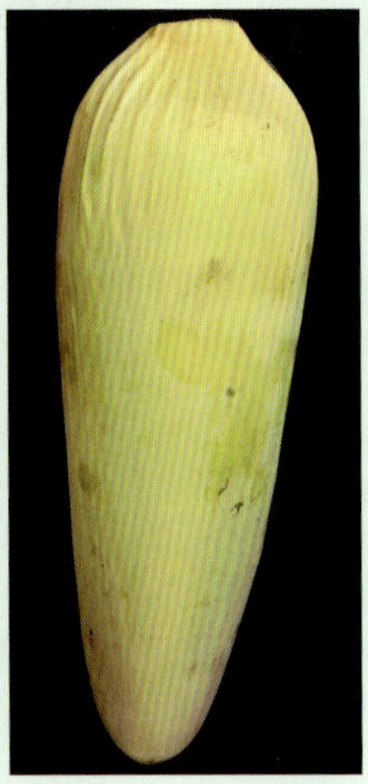　　图2-150 黄色 　　图2-151 黄褐色 　　图2-152 带红绿黄

图2-153 绿黄色 　　图2-154 黄绿色 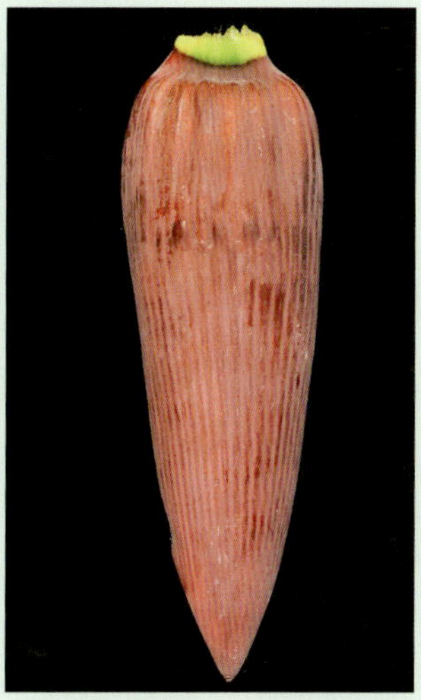　　图2-155 褐红色 　　图2-156 紫红色

图2-157 紫粉红色 　　图2-158 褐紫色 　　图2-159 红紫色 　　图2-160 紫色

2.5.3 苞肩形状

附在雄花蕾第一张苞片，其基部的形状分为：窄肩、中肩、宽肩3种（图2-161至图2-163）。

图2-161 窄肩　　图2-162 中肩　　图2-163 宽肩

2.5.4 苞尖形状

附在雄花蕾第一张苞片，其顶端的形状分为：尖、钝尖、钝圆、钝圆且裂开4种（图2-164至图2-167）。

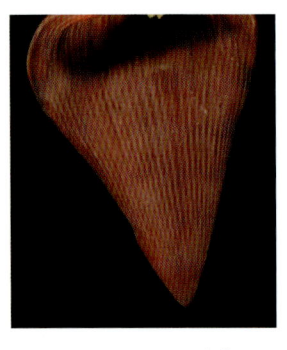

图2-164 顶端尖　　图2-165 顶端钝尖　　图2-166 顶端钝圆　　图2-167 顶端钝圆且裂开

2.5.5 苞片形状

分别测量苞片基部至苞片最宽处的长度（x）及苞片基部至先端的长度（y），通过计算x、y的比值，确定苞片形状，分为：披针形（$x/y<0.28$）、椭圆形（$0.28\leq x/y<0.30$）、卵形（$x/y\geq 0.30$）、心形（$x/y\geq 0.35$）（图2-168至图2-171）。

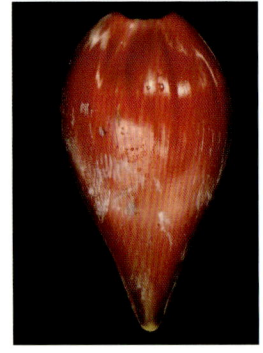

图2-168 披针形　　图2-169 椭圆形　　图2-170 卵形　　图2-171 心形

2.5.6 苞片蜡粉

苞片外表面蜡粉的情况分为：很少或看不到蜡粉、少量蜡粉、中等蜡粉、很多蜡粉（图2-172至图2-175）。

图2-172 很少或看不到蜡粉　　图2-173 少量蜡粉　　图2-174 中等蜡粉　　图2-175 很多蜡粉

2.5.7 苞片上举

雄花苞片打开时向上举的情况分为：无上举、一次举一片、一次举两片、一次举多片（图2-176至图2-179）。

图2-176　无上举　　　图2-177　一次举一片　　　图2-178　一次举两片　　　图2-179　一次举多片

2.5.8 苞片脱落前行为

苞片脱落前行为分为：卷曲、不卷曲（图2-180和图2-181）。

图2-180　脱落前卷曲　　　图2-181　脱落前不卷曲

2.5.9 苞片顶部排列（重叠性）

苞片尖端里外苞片的重叠情况分为：完全重叠、小覆瓦状、大覆瓦状（图2-182至图2-184）。

图2-182　完全重叠　　　图2-183　小覆瓦状　　　图2-184　大覆瓦状

2.5.10 雄花脱落行为

雄花脱落行为分为：先于苞片脱落、和苞片一起脱落、迟于苞片脱落、中性花或雄花不脱落4种情况（图2-185至图2-188）。

图2-185 先于苞片脱落

图2-186 和苞片一起脱落

图2-187 迟于苞片脱落

图2-188 中性花或雄花不脱落

2.5.11 苞片内色

雄花苞片内面的颜色分为：发白、黄色、红黄色、黄红色、橙红色、红色、粉紫红色、紫红色等（图2-189至图2-196）。

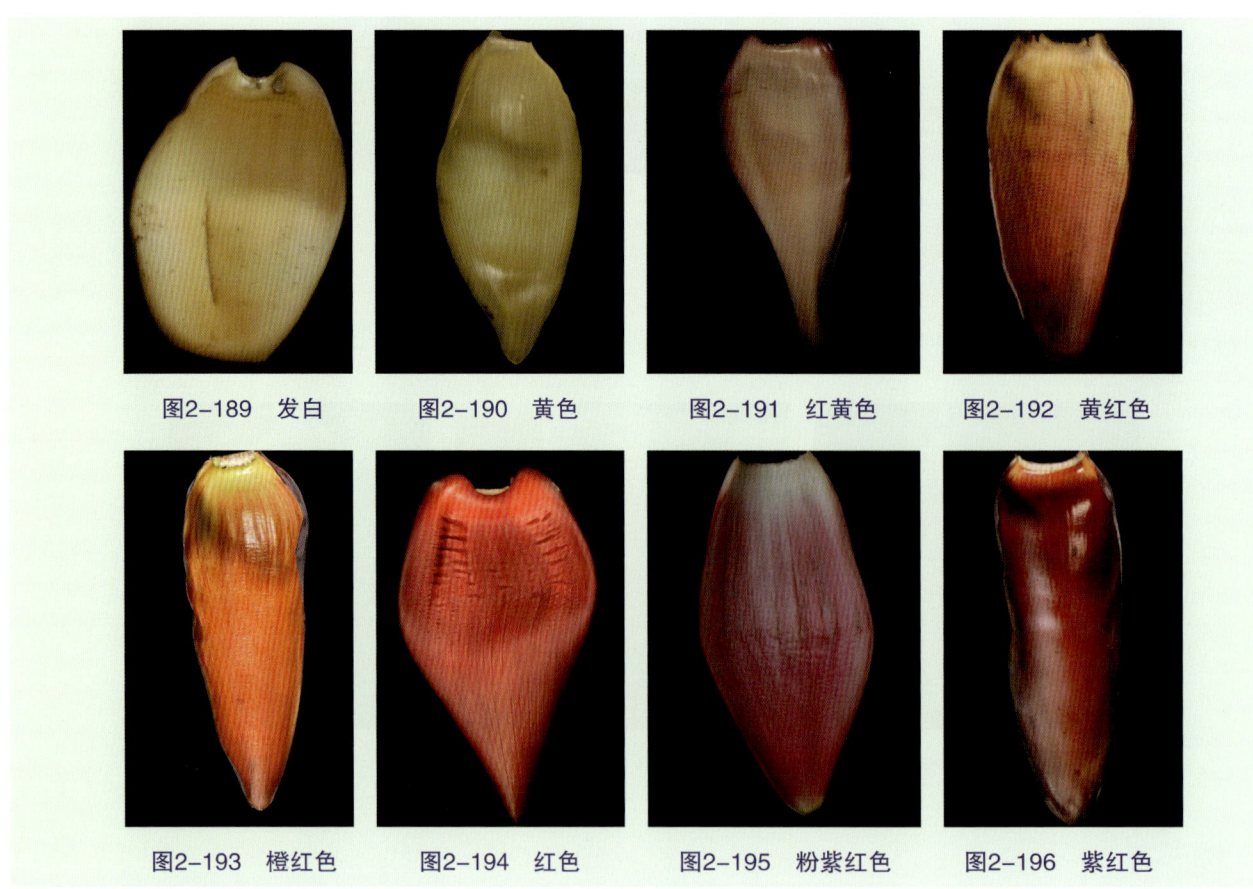

图2-189 发白　　图2-190 黄色　　图2-191 红黄色　　图2-192 黄红色

图2-193 橙红色　　图2-194 红色　　图2-195 粉紫红色　　图2-196 紫红色

2.6 雄花

2.6.1 合生花瓣底色

未打开的第一张苞片，其下方雄花的合生花瓣底色（不含圆裂片颜色）分为：白色、奶油色、黄色、橙色、粉红色、紫红色、黑色等（图2-197至图2-203）。

图2-197 白色

图2-198 奶油色

图2-199 黄色

图2-200 橙色

图2-201 粉红色

图2-202 紫红色

图2-203 黑色

2.6.2 雄花合生花瓣着色

未打开的第一张苞片,其下方雄花的合生花瓣着色分为:很少或无着色、有锈斑点、有粉红色、有紫红色4种情况(图2-204至图2-207)。

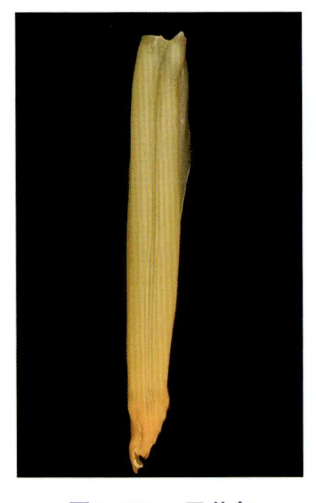
图2-204 无着色

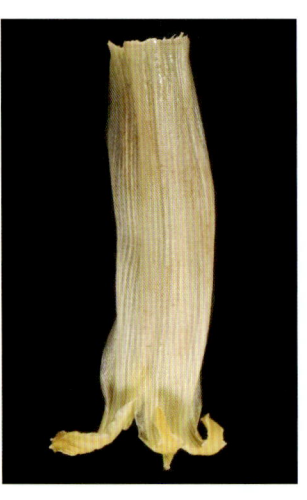
图2-205 有锈斑点

图2-206 有粉红色

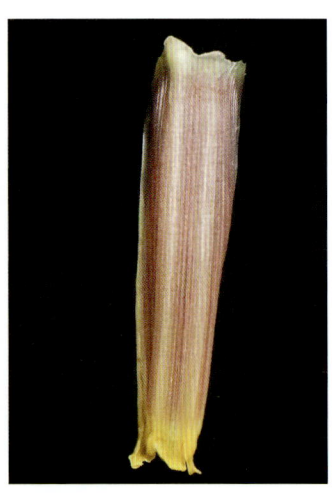
图2-207 有紫红色

2.6.3 合生花瓣圆裂片颜色

合生花瓣圆裂片的颜色分为:橙色、黄色、绿色等(图2-208至图2-210)。

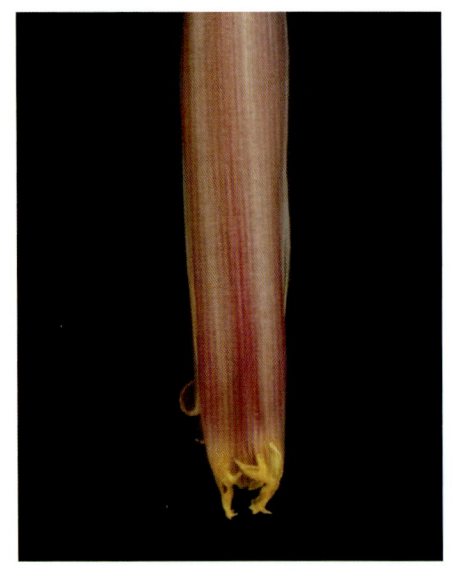
图2-208 橙色

图2-209 黄色

图2-210 绿色

2.6.4 雄花游离花瓣颜色

未打开的第一张苞片,其下方雄花游离花瓣颜色分为:半透明白色、不透明白色、黄色、粉红色、紫红色、褐色6种(图2-211至图2-216)。

图2-211 半透明白色 图2-212 不透明白色 图2-213 黄色

图2-214 粉红色 图2-215 紫红色 图2-216 褐色

2.6.5 雄花游离花瓣尖端发育情况

未打开的第一张苞片,其下方雄花游离花瓣尖端的发育情况分为:极少发育、发育、充分发育等(图2-217至图2-219)。

  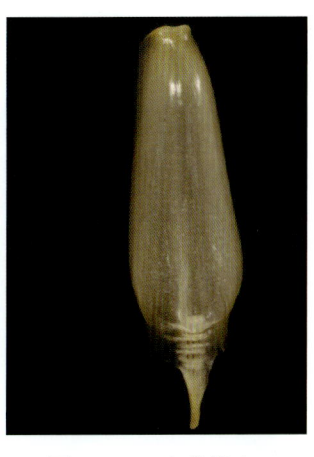

图2-217 极少发育 图2-218 发育 图2-219 充分发育

2.6.6 雄花游离花瓣的外观

未打开的第一张苞片，其下方雄花游离花瓣的外观分为：无皱褶、轻微皱褶、几个皱褶3种情况（图2-220至图2-222）。

图2-220 无皱褶　　　　图2-221 轻微皱褶　　　　图2-222 几个皱褶

2.6.7 游离花瓣形状

未打开的第一张苞片，其下方雄花游离花瓣的形状分为：披针形、椭圆形、矩形、卵形、圆形、扇形等（图2-223至图2-228）。

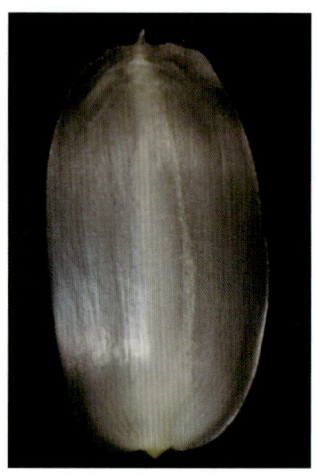

图2-223 披针形　　　　图2-224 椭圆形　　　　图2-225 矩形

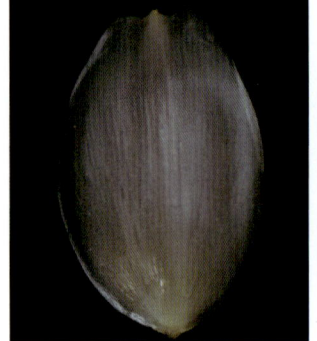

图2-226 卵形　　　　图2-227 圆形　　　　图2-228 扇形

2.6.8 花柱突出情况

未打开的第一张苞片，其下方雄花柱头相对于合生花瓣圆裂片基部的突出情况，分为：突出、齐平、嵌入3种（图2-229至图2-231）。

　　图2-229　突出　　　　　　图2-230　齐平　　　　　　图2-231　嵌入

2.6.9 花柱形状

未打开的第一张苞片，其下方雄花花柱的形状分为：直、顶部弯曲、基部弯曲、中部弯曲、中部双弯、中部三弯等（图2-232至图2-237）。

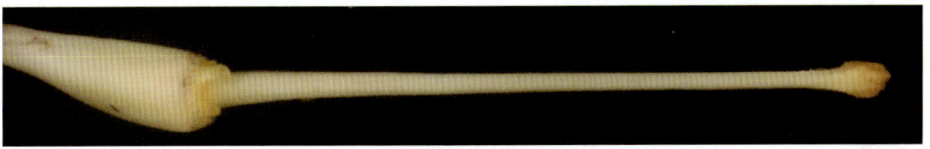

图2-232　直

图2-233　顶部弯曲

图2-234　基部弯曲

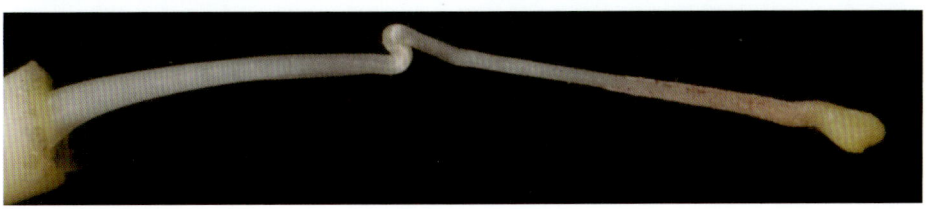

图2-235　中部弯曲

图2-236 中部双弯

图2-237 中部三弯

2.6.10 柱头颜色

未打开的第一张苞片，其下方雄花柱头的颜色分为：奶油色、黄色、鲜黄色、橙色、粉红/紫粉红色、褐红色等（图2-238至图2-243）。

图2-238 奶油色

图2-239 黄色

图2-240 鲜黄色

图2-241 橙色

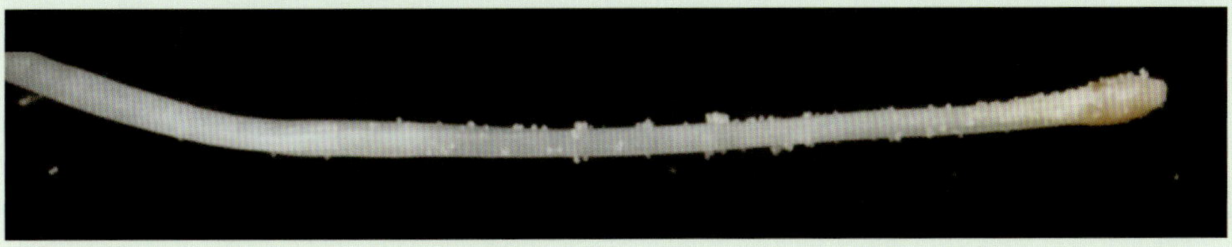

图2-242 粉红/紫粉红色

图2-243 褐红色

2.7 果实

2.7.1 生果皮色

未成熟果实的果皮颜色和果实采收时在树上的颜色分为：绿白色、绿黄色、灰绿色、浅绿色、绿色、深绿色、绿并有褐/锈褐色、绿并有红或紫红色、紫红色、紫色、紫铜色、红色（图2-244至图2-255）等。

图2-244 绿白色

图2-245 绿黄色

图2-246 灰绿色

图2-247 浅绿色

| 图2-248 绿色 | 图2-249 深绿色 | 图2-250 绿并有褐/锈褐色 | 图2-251 绿并有红或紫红色 |

| 图2-252 紫红色 | 图2-253 紫色 | 图2-254 紫铜色 | 图2-255 红色 |

2.7.2　果顶花器残存

果实发育后，花器在果指顶端的残存情况分为：无残存、残存枯死花器、花柱基部宿存、花柱发育、花瓣宿存（图2-256至图2-260）。

图2-256　无残存　　　　　　　　　　　图2-257　残存枯死花器

图2-258 花柱基部宿存

图2-259 花柱发育

图2-260 花瓣宿存

2.7.3 果顶形状

果指顶端的形状分为：尖、长尖、瓶颈状、钝尖、圆5种（图2-261至图2-265）。

图2-261 尖

图2-262 长尖

图2-263 瓶颈状

图2-264 钝尖

图2-265 圆

2.7.4 果柄合生

果柄（果梗）在连接果轴之前的状态分：无合生、部分合生、合生3种（图2-266至图2-268）。

图2-266 无合生

图2-267 部分合生

图2-268 合生

2.7.5 果身合生（连体）

果指果身（生长果肉部分）之间的粘连状态分为：分生、部分合生、几乎全部合生3种（图2-269至图2-271）。

图2-269　果身分生

图2-270　果身部分合生

图2-271　果身几乎全部合生

2.7.6　果指毛性

果指果柄和果身的绒毛生长状况分为：果柄、果身无毛，果柄有绒毛、果身无绒毛，果柄、果身具绒毛3种（图2-272至图2-274）。

图2-272　果柄、果身无毛

图2-273　果柄有绒毛、果身无绒毛

图2-274　果柄、果身具绒毛

2.7.7　果柄长度

果柄（果梗）的长度分为：很长、长、中等、短、很短5个等级（图2-275至图2-279）。

图2-275　果柄很长

图2-276　果柄长

图2-277　果柄中等

图2-278　果柄短

图2-279　果柄很短

2.7.8 果柄粗度

果指果柄（果梗）的粗度分为：很粗、粗、中等粗、细、很细（图2-280至图2-284）。

图2-280　果柄很粗

图2-281　果柄粗

图2-282　果柄中等粗

图2-283　果柄细

图2-284　果柄很细

2.7.9 熟果皮色

成熟果指果皮的颜色分为：黄色、金黄色、橙黄色、灰黄色、黄色并有褐/褐锈斑色、红色、紫红色并有黄色、紫红色、黄绿色、绿白色等（图2-285至图2-294）。

图2-285　熟果黄色

图2-286　熟果金黄色

图2-287　熟果橙黄色

图2-288　熟果灰黄色

图2-289　熟果黄色并有褐/褐锈斑色

图2-290　熟果红色

图2-291　熟果紫红色并有黄色　　　　　　　　　图2-292　熟果紫红色

图2-293　熟果黄绿色　　　　　　　　　图2-294　熟果绿白色

2.7.10　果指形状

果指（果身）的形状分为：直、微弯、弯曲（很弯）、末端直、"S"形弯曲（图2-295至图2-299）。

图2-295　果指直　　　　　　　　　图2-296　果指微弯

图2-297　果指弯曲　　　　图2-298　果指基部弯、果身直　　　　图2-299　果指"S"形弯曲

2.7.11 果实大体形状

采收时果指的大体形状分为：圆形、卵形、葫芦形、椭圆形、纺锤形、细长柱形、牛角形等（图2-300至图2-306）。

图2-300　圆形

图2-301　卵形

图2-302　葫芦形

图2-303　椭圆形

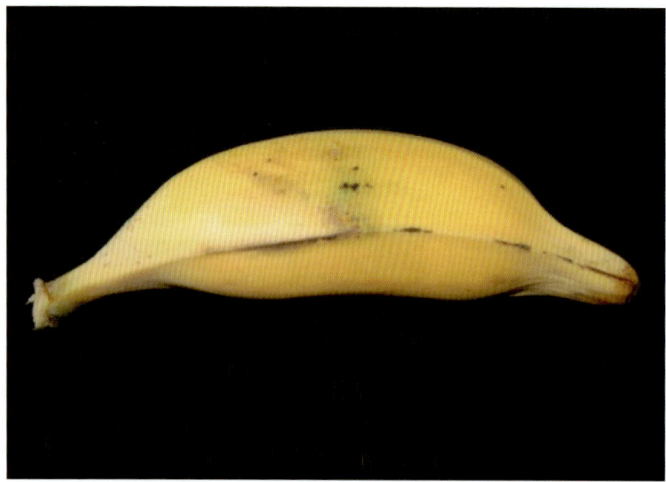

图2-304　纺锤形

图2-305　细长柱形

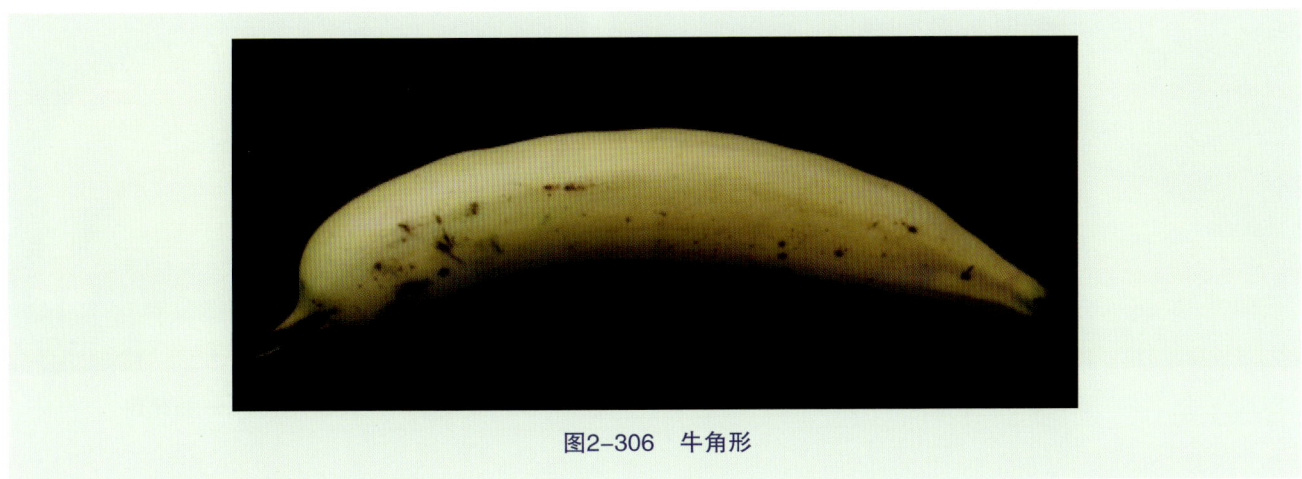

图2-306　牛角形

2.7.12　果实横切面

根据采收时果实横切面的形状特征将其分为：棱角明显、微具棱角、圆或近圆形3种类型（图2-307至图2-309）。

图2-307　果实横切面棱角明显　　　图2-308　果实横切面微具棱角　　　图2-309　果实横切面圆或近圆形

2.7.13　果指大小

根据果指的长度和粗度，分为：超大、大、中等大、小、超小（图2-310至图2-314）。

图2-310　果指超大——牛角大蕉

图2-311 果指大——大蕉

图2-312 果指中等大——香牙蕉

图2-313 果指小——玫瑰蕉

图2-314 果指超小——千指蕉

2.7.14 熟果肉色

成熟可食用时果肉的颜色，分为：白色、奶油色、象牙色、黄色、橙黄色、红橙色等（图2-315至图2-320）。

图2-315　果肉白色

图2-316　果肉奶油色

图2-317　果肉象牙色（乳黄色）

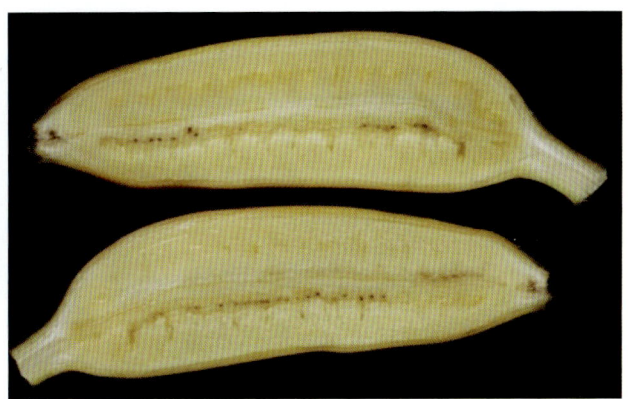
图2-318　果肉黄色

图2-319　果肉橙黄色

图2-320　果肉红橙色

2.7.15　种子形状

种子的形状分为：扁平、角状（似锥体）、球状、扁球状、近卵形（图2-321至图2-325）。

 图2-321 种子扁平

 图2-322 种子角状（似锥体）

 图2-323 种子球状

 图2-324 种子扁球状

 图2-325 种子近卵形

3 生态多样性

3.1 地理分布

3.1.1 世界分布

香蕉不仅是全球贸易额最大的水果之一，也是一些发展中国家和地区重要的粮食作物。全球有超过120个香蕉生产国，主要分布在亚洲南部、东南部和东部，美洲南部、中部和加勒比地区，非洲东部、中部和北部，大洋洲的美拉尼西亚群岛以及欧洲南部，分布范围覆盖北纬30°至南纬30°的热带亚热带地区。根据联合国粮食及农业组织（FAO）发布的统计数据，2023年世界香蕉种植面积为597.33万公顷，产量达到13 927.79万吨。香蕉种植面积位列前10的国家依次为印度、尼日利亚、巴西、坦桑尼亚、中国、刚果民主共和国、卢旺达、菲律宾、厄瓜多尔和安哥拉。

现有的香蕉栽培品种是由尖苞片蕉（*Musa acuminata* Colla）和长梗蕉（*Musa balbisiana* Colla）这两个原始野生蕉经过种内突变、种内/种间杂交进化而来的。尖苞片蕉具有丰富的种内多样性，目前已经发现了10多个亚种，其中 *banksii* 主要分布在巴布亚新几内亚、澳大利亚和萨摩亚群岛，*burmannica* 主要分布在缅甸和印度，*malaccensis* 主要分布在马来西亚半岛，*zebrina* 主要分布在印度尼西亚。长梗蕉起源于印度、缅甸北部、中国南部和马来西亚中部。相传5世纪时，栽培香蕉从马来西亚传到马达加斯加，再传到非洲东岸及整个非洲大陆，并于15世纪传到美洲大陆。

3.1.2 中国分布

香蕉是典型的热带亚热带水果，喜高温湿润的生长环境，适合在20~35℃的温度范围内生长。我国是香蕉起源中心的边缘地带，也是香蕉商品性生产的适宜种植区。我国的香蕉生产以三倍体栽培蕉为主，其中，香牙蕉（*Musa* AAA Cavendish）栽培品种占香蕉生产总面积的80%以上；此外，还有少部分粉蕉和大蕉栽培品种等。香蕉的商品性栽培主要受冬季低温天气和/或台风、灌溉条件、土壤类型、海拔高度和市场价格等因素影响，大致分为水田蕉、旱地蕉和山地蕉等几种类型。

3.1.2.1 华南区域

该区域主要包括广东、广西、福建、海南和台湾等省（区），位于我国北纬25°以南的地区，属于亚热带海洋性气候。其典型的气候特征是高温多雨、四季常绿，年平均气温20℃以上，最冷月份（1月）的平均气温通常高于10℃。

在该区域发现香蕉野生种和野生近缘植物，其中野生近缘植物以阿宽蕉（*Musa itinerans* Cheesman）较为常见（图3-1至图3-5）。

图3-1　广西田东架龙的红果红蕾阿宽蕉
（陈冠忠　提供）

图3-2　福建尤溪九阜山的白果黄蕾阿宽蕉
（陈源　提供）

图3-3　广东佛冈观音山的白果红蕾阿宽蕉（廖伟民　提供）

图3-4 广东潮安凤凰山阿宽蕉

图3-5 广东河源半江的白果黄蕾阿宽蕉

根据国家统计局公布数据，2023年我国的香蕉种植面积为32.69万公顷，总产量1 177.68万吨。其中，华南地区的香蕉产量占全国总产量的80%以上，该区域香蕉种植园的类型有水田蕉（图3-6至图3-7）、旱地蕉（图3-8）和山地蕉（图3-9）。

图3-6 广东珠江三角洲水田蕉种植园（一畦双行种植）

图3-7 广东珠江三角洲水田蕉种植园（一畦单行种植）

图3-8 广西崇左的旱地蕉种植园（李朝生 提供）

图3-9　广东中山的山地蕉种植园

3.1.2.2 西南区域

该区域主要包括云南、贵州、四川、重庆和西藏。云贵高原为北纬22°~30°地区，平均海拔约2 000米，气候类型以亚热带季风性气候为主，但是由于海拔差异，云贵高原的气候类型多样，兼具寒、温、热带亚热带气候类型，紫外线辐射强，年平均气温20℃。

在云南发现小果野蕉（*Musa acuminata* ssp. *burmannicoides*）和野蕉（*Musa balbisiana* Colla），其中，小果野蕉有成片的野生群落（图3-10）。此外，在云南也有成片野生近缘种阿宽蕉。

图3-10　云南西双版纳山谷的小果野蕉

近年来，云南的香蕉种植面积不断增加，2023年的香蕉产量达到209万吨，成为仅次于广东和广西的全国第三大香蕉产区。该区域香蕉种植园的类型主要为旱地蕉（图3-11）和山地蕉（图3-12）。云南红河等地的山地蕉种植园，地理高度在200～500米，又称为"高地蕉"。

图3-11　云南西双版纳的旱地蕉种植园

图3-12　云南西双版纳的山地蕉种植园

根据国家统计局公布的数据，四川近几年的香蕉产量超过5万吨，重庆、西藏等地也有少量种植。

3.1.2.3 长江中下游区域

该区域主要包括浙江和湖南，属于亚热带季风性湿润气候，年平均气温15~20℃，最冷月份平均气温2~5℃。

在湖南和浙江发现零星丛生分布的芭蕉（*Musa basjoo* Siebold & Zucc.），这也是国内分布最高纬度的野生蕉资源（图3-13）。

3.2 栽培模式产生的生态多样性

香蕉和其他果树不同，没有固定的物候期，一年四季均可收获。只要植株生长到一定程度就可以进行花芽分化、抽蕾和挂果。

3.2.1 种植时期

由于种植时期不同，香蕉果实的形状也存在季节性差异（图3-14至图3-20）。

图3-13　湖南长沙岳麓山的芭蕉

图3-14　"尖嘴"果穗和果梳（2月底至3月初雌花苞片打开）

图3-15 "大领"（崛蕉）果穗和果梳（3月中至4月中雌花苞片打开）

图3-16 "长短指"果穗和果梳（4月底至5月初雌花苞片打开）

图3-17 "孖蕉"果穗和果梳（5月中至5月底雌花苞片打开）

图3-18 "大造"果穗和果梳（6月初至9月初雌花苞片打开）

图3-19 "青皮仔"果穗和果梳（10月中至11月初雌花苞片打开）

图3-20 "黑油身"果穗和果梳（12月中至1月雌花苞片打开）

不同季节采收的香蕉果实，其风味品质和果肉颜色也不完全相同（图3-21至图3-25）。果实生长发育期间经历适当低温有利于叶黄素积累和果实品质提升。

图3-21　2月采收果实的果肉颜色

图3-22　4月采收果实的果肉颜色

图3-23　7月采收果实的果肉颜色

图3-24　9月采收果实的果肉颜色

图3-25　12月采收果实的果肉颜色

3.2.2 种苗

20世纪80年代中后期,我国华南地区的香蕉试管苗已经实现了工厂化生产。生根试管苗(一级苗)移栽后再经过假植育苗阶段成为二级苗。香蕉的大面积商品性栽培通常采用二级苗作为种苗,生产上称为新植蕉。以新植蕉基部球茎抽生的吸芽作为种苗的宿根蕉,其假茎高度往往比新植蕉高20%～30%(图3-26)。

图3-26 新植蕉(第1茬,5月采收)植株(左)和宿根蕉(第2茬,12月采收)植株(右)

4 种质多样性

香蕉栽培种有两个重要的野生祖先：尖苞片蕉（*Musa acuminata* Colla）和长梗蕉（*Musa balbisiana* Colla），二者均是有种子的二倍体，也有较多的亚种和变种。

香蕉栽培品种是由这两个原始野生蕉经过种内突变和种内/种间杂交进化而来，其多样性主要体现在15个植物学性状的差异及不同组合。这15个植物学性状主要包括假茎色泽（褐斑或黑斑的多少有无）、叶柄槽（边缘的生长状态）、穗柄（毛的有无）、果柄（长短）、胚珠（行数及排列状况）、苞片肩的宽度（高而窄或低而阔）、苞片的卷曲度（上卷，不反卷）、苞片的形状（披针形、长卵形、阔卵形）、苞尖的形状（锐尖、钝尖）、苞片的色泽（外部红色、暗紫色，内部粉红、暗紫或黄色；外部明显的褐紫色，内部鲜艳的深红色）、苞片内褪色（内部由上至下渐褪至黄色或内部均匀褪色）、苞痕（突起或微突起）、雄花的离生花被（瓣尖或多或少有皱纹，罕有皱纹）、雄花的色泽（乳白色、或多或少粉红色）、柱头的色泽（橙黄色、艳黄色、奶油浅黄或浅粉红）。对上述性状逐项观测并计分，根据总分确定其基因型，大致可分为AA、AAA、AB、BB、AAB、ABB、AAAA、AAAB、AABB等基因型（组）。香蕉的栽培种或杂交栽培种首先划分为不同的基因组（group），进而划分为不同的栽培品种，有时基因型（组）结合植株的高度，果实的长短、大小、棱角和色泽等，再细分为亚组（subgroup），如Cavendish亚组、Plantain亚组。AA、AAA、AAB、ABB等基因组都有很多亚组。香蕉也有很多近缘种，与香蕉的一些种进行杂交有可能形成新的基因型。因此，香蕉种质资源具有十分丰富的遗传多样性。

4.1 香蕉

这一类品种是由尖苞片蕉（*Musa acuminata* Colla）进化形成，依染色体倍性分为二倍体、三倍体、四倍体，因而基因型有AA、AAA、AAAA。生产上部分栽培品种为二倍体香蕉；栽培最多的是三倍体香蕉，分为五个亚组，香牙蕉亚组（Cavendish subgroup）、Red subgroup、Gros Michel subgroup、Ibota subgroup、East African Highland Banana subgroup等；人工杂交的后代有四倍体，占比少。根据父本、母本的基因组，产生不同基因型的四倍体。

4.1.1 二倍体香蕉（AA）

（1）贡蕉（*Musa* AA Pisang Mass；Sucrier）

贡蕉由越南引进，生长周期短，假茎褐色，果型较小，果无棱角，果顶钝尖或圆，果皮薄，果特甜，品质特优（图4-1至图4-6）。

图4-1 贡蕉植株

图4-2 贡蕉果穗

图4-3 贡蕉雄花蕾及雄花

图4-4 贡蕉果梳

图4-5 贡蕉果梳背面

图4-6 贡蕉果指

（2）海贡蕉（*Musa* AA Inarnibal）

海贡蕉原产于东南亚，生长周期短，高抗香蕉镰刀菌枯萎病，假茎浅紫红色，叶姿直立，叶柄边缘有紫红色，果型较小，果棱角不明显，果顶尖，果肉黄色，低温条件下成熟的果实品质较好，高温条件下成熟的果实具生腥味，品质较差（图4-7至图4-14）。

图4-7　海贡蕉植株

图4-8　海贡蕉果穗

图4-9　海贡蕉把头

图4-10　海贡蕉雄花蕾

图4-11 海贡蕉果梳

图4-12 海贡蕉果梳背面

图4-13 海贡蕉果指

图4-14 海贡蕉果肉

（3）玫瑰蕉（*Musa* AA cv. Rose）

玫瑰蕉从国际香蕉种质交换库（ITC）引进，叶姿直立，生长周期短，高抗香蕉枯萎病，果穗斜生，雄蕾苞片大覆瓦状，果指较细长，果顶瓶颈状，可食率低，味甜，株产较低（图4-15至图4-20）。

图4-15 玫瑰蕉植株

图4-16 玫瑰蕉果穗

4 种质多样性

图4-17 玫瑰蕉雄花蕾

图4-18 玫瑰蕉雄花苞片内色

图4-19 玫瑰蕉果指

图4-20 玫瑰蕉果梳

（4）Gorop（*Musa* AA Gorop）

Gorop由国际香蕉种质交换库（ITC）引进，叶姿较开张，花序轴呈弯曲向下。果指较细长，棱角不明显，果皮稍厚，果柄较短，果型美观，品质一般（图4-21至图4-28）。

图4-21 Gorop植株　　图4-22 Gorop果穗

· 69 ·

图4-23 Gorop雄花蕾

图4-24 Gorop雄花

图4-25 Gorop果梳

图4-26 Gorop果梳背面

图4-27 Gorop果指

图4-28 Gorop果指切面

（5）Lakatan香蕉（*Musa* AA/AAA Lakatan）

Lakatan分别从国际香蕉种质交换库（ITC）引进和菲律宾引进，叶姿直立，雄花苞片顶端圆，果指较长大，果柄短，果顶圆，低温条件下成熟的果实品质优，高温条件下成熟的稍具生腥味，该品种抗病性较差但果实抗香蕉炭疽病，货架期较长（图4-29至图4-35）。

图4-29　Lakatan香蕉植株

图4-30　Lakatan香蕉果穗、花序轴和雄花

图4-31　Lakatan香蕉雄花蕾

图4-32　Lakatan香蕉雄花

图4-33 Lakatan香蕉果梳

图4-34 Lakatan香蕉果梳背面

图4-35 Lakatan香蕉果指

4.1.2 三倍体香蕉（AAA）

4.1.2.1 香牙蕉

香牙蕉（*Musa* AAA Cavendish）也称华蕉，不仅是最常见的一类香蕉栽培品种，也是在全球香蕉贸易中占绝对优势的品种类型。通常根据假茎高度、叶片的长短、花序轴的位置和外观、果指的形状等进行区分，大致分为：高秆、高把、中秆、中把、短秆5大类型。

（1）高秆香牙蕉（Tall Cavendish）

植株高，叶形比（叶片长度/叶片宽度）大，雄花蕾苞片打开后脱落，雄花不宿存，花序轴裸并常常弯曲向下，代表品种为高脚遁地蕾（图4-36至图4-37）。

图4-36 高脚遁地蕾植株

图4-37 高脚遁地蕾花序轴和雄花蕾

（2）高把香牙蕉（Robusta）

植株较高，假茎较细，叶形比较大，雄花蕾苞片打开后脱落，雄花不宿存，代表品种为台湾青皮（图4-38和图4-39）。

图4-38　台湾青皮植株

图4-39　台湾青皮果梳背面

（3）中秆香牙蕉（Giant Cavendish）

植株高度中等，假茎较粗，叶形比中等，雄花蕾苞片打开后脱落，雄花不宿存，代表品种为巴西蕉（图4-40和图4-41）。

图4-40　巴西蕉植株

图4-41　巴西蕉果梳

（4）中把香牙蕉（Grand Naine）

植株中矮秆，叶形比小，雄花蕾苞片打开后宿存，雄花部分脱落（图4-42至图4-44）。

图4-42　Grande Naine植株

图4-43　Grande Naine果梳

图4-44　Grande Naine果梳背面

（5）矮秆香牙蕉（Dwarf Cavendish）

植株矮，雄花宿存，果柄较短粗，果指较弯曲，香味较浓，代表品种为苹果蕉（图4-45至图4-47）和那龙矮蕉（图4-48至图4-50）。

图4-45　苹果蕉植株

图4-46　苹果蕉花序轴和雄花蕾

图4-47 苹果蕉果梳背面

图4-48 那龙矮蕉植株

图4-49 那龙矮蕉果梳背面

图4-50 那龙矮蕉果指

4.1.2.2 红绿蕉（Red, Green Red）

（1）红香蕉（*Musa* AAA Red）

红香蕉植株高大，生长周期长，假茎紫红色，生果紫色或红紫色，熟果紫红色，果肉黄至橙黄色，雄花复合花瓣部分紫红色（图4-51至图4-57）。

图4-51 红香蕉植株

图4-52 红香蕉果穗

图4-53 红香蕉雄花蕾

图4-54 红香蕉雄花

图4-55 红香蕉果梳

图4-56 红香蕉果梳背面

图4-57 红香蕉果指

（2）绿蕉（*Musa* AAA Green Red）

绿蕉植株高大，生长周期长，雄花复合花瓣乳黄色，生果绿色，果棱不明显，果指粗，果柄较短，成熟后果皮黄色（图4-58至图4-63）。

图4-58　绿蕉植株

图4-59　绿蕉果穗、花序轴和雄花蕾穗

图4-60　绿蕉雄花

图4-61 绿蕉果梳正面

图4-62 绿蕉果梳背面　　　图4-63 绿蕉果指

4.1.2.3 大蜜舍香蕉（*Musa* AAA Gros Michel）

（1）大蜜舍香蕉（Gros Michel）

大蜜舍香蕉植株高，果指微弯或基部弯果身直，成熟后果皮黄色或艳黄色，后期无或少梅花点，果肉乳黄色，品质优，果实货架期较长（图4-64至图4-69）。

图4-64 大蜜舍香蕉植株　　　图4-65 大蜜舍香蕉果穗、花序轴和雄花蕾

图4-66 大蜜舍香蕉雄花

图4-67 大蜜舍香蕉果梳正面

图4-68 大蜜舍香蕉果梳背面

图4-69 大蜜舍香蕉果指

（2）黄金蕉（Kluai Hom Thong）

黄金蕉来源于泰国，又称红通。属于大蜜舍类。果指较长，基部弯果身直，高温可黄熟，果实无或很少梅花点，品质优。较抗镰刀菌枯萎病1号生理小种，但耐寒性极差。代表性品种为泰64-1（图4-70至图4-72）。

图4-70 泰64-1植株

图4-71 泰64-1果穗

图4-72 泰64-1果梳

4.1.2.4 埃玻塔香蕉（*Musa* AAA Ibota）

埃玻塔香蕉植株较高，叶姿直立，果穗水平状，果穗结构紧凑，呈截锥体，果指小，纺锤形或椭圆形，产量低，果实品质中等。该亚组的代表品种有Yagambi km5（图4-73至图4-77）。

图4-73　Yagambi km5 植株

图4-74　Yagambi km5 果穗、花序轴和雄花蕾

图4-75　Yagambi km5 雄花蕾

图4-76　Yagambi km5 果梳

图4-77　Yagambi km5 果梳背面

4.1.2.5　中蕉9号

中蕉9号系广东省农业科学院果树研究所用金手指（AAAB）为母本与SH-3142（AA）杂交选育而成。新植蕉生长周期12～14个月。假茎平均高度292.5厘米，基部粗度90.6厘米；假茎浅绿色，锈褐斑较少；叶片排列较分散、叶姿开张。果穗较紧凑，果梳和果指大小均匀，平均长22.5厘米、粗13.6厘米；生果皮呈浅黄绿色，催熟后果皮呈深黄色；果肉乳白偏黄色、口感软糯香滑，平均单果重183.2克，产量很高，亩产3 982.0千克。果实可溶性固形物含量22%，可滴定酸含量0.33%，可溶性糖含量18.34%。田间表现高抗香蕉镰刀菌枯萎病（图4-78至图4-82）。

图4-78　中蕉9号植株

图4-79　中蕉9号果穗

图4-80　中蕉9号果梳

图4-81　中蕉9号果梳背面

图4-82　中蕉9号果指剖面

4.1.3 四倍体香蕉（AAAA）

四倍体香蕉具有四套染色体，多为人工育成品种，植株叶姿下垂，假茎粗壮，叶片较厚。代表品种有FHIA-17香蕉，引自国际香蕉种质交换库（ITC）。植株较粗壮高大，生长周期较长，果指较长大，果指棱角不明显，株产高，品质一般（图4-83至图4-89）。

图4-83　FHIA-17植株

图4-84　FHIA-17果穗

图4-85　FHIA-17雄花蕾

图4-86　FHIA-17雄花

图4-87　FHIA-17果梳正面

图4-88　FHIA-17果梳背面

图4-89　FHIA-17果指

4.2 杂交蕉

杂交蕉由尖苞片蕉和长梗蕉杂交而来（*Musa acuminata* × *balbisiana*）。自然杂交种多为三倍体，人工杂交种有四倍体。依亲本的基因型不同，杂交蕉也有不同的基因型。

4.2.1 龙牙蕉类

龙牙蕉类的基因型为AAB。根据果指大小和形状等进一步划分为多个亚组（subgroup），主要包括妹妹蕉亚组（Mysore），丝蕉亚组（Silk），大王蕉亚组（Pisang Raja），买毛里蕉（Maia Maoli）、波媚蕉（Pome）、克拉特蕉（Pisang Kelat）、Plantain、Iholena。

4.2.1.1 妹妹蕉亚组（*Musa* AAB，Mysore）

金指蕉（*Musa* AAB，Mysore）

金指蕉收集于云南，原产印度。植株高，假茎浅紫红色，果指较小，排列紧密，果顶尖，雄花浅紫红色，味甜中带酸，中抗镰刀菌枯萎病，耐寒性强（图4-90至图4-96）。

图4-90 金指蕉植株 　　图4-91 金指蕉果穗、花序轴和雄花蕾

图4-92 金指蕉雄花蕾 　　图4-93 金指蕉雄花

图4-94　金指蕉果梳正面

图4-96　金指蕉果指

图4-95　金指蕉果梳背面

4.2.1.2　丝蕉亚组（Silk）

（1）过山香（*Musa* AAB Silk cv. Guo Shan Xiang）

过山香是广东省中山市的地方品种，植株较高，叶基不对称，成熟果实常开裂，果肉乳白色，风味好，果实品质优，高感镰刀菌枯萎病（图4-97至图4-100）。

图4-97　过山香植株

图4-98　过山香果梳

图4-99 过山香果梳背面

图4-100 过山香果指

（2）革铃蕉（*Musa* AAB Silk cv. Pisang Keling）

革铃蕉引自国际香蕉种质交换库（ITC），大部分植株果穗水平生长，雄花黄色，花柱中部弯曲，果指短小，产量低，果指排列紧密，果柄短，果顶尖，果指纵切面呈椭圆形，肉质细，味微酸，果实品质好至优。大部分植株果穗发育不好，果实易感炭疽病，中抗镰刀菌枯萎病1号生理小种（图4-101至图4-107）。

图4-101 革铃蕉植株

图4-102 革铃蕉果穗

图4-103 革铃蕉雄花蕾

图4-104 革铃蕉雄花

图4-105 革铃蕉果梳正面

图4-107 革铃蕉果指

图4-106 革铃蕉果梳背面

4.2.1.3 大王蕉亚组（*Musa* AAB，Pisang Raja）

（1）大王蕉（*Musa* AAB，Pisang Raja）

大王蕉引自马来西亚，植株高大，雄花蕾苞片和雄花宿存，果皮较厚，果实品质好（图4-108至图4-113）。

图4-108 大王蕉植株

图4-109 大王蕉果穗、花序轴和雄花蕾

图4-110 大王蕉雄花蕾

图4-111 大王蕉果梳

图4-112 大王蕉果梳背面

图4-113 大王蕉果指

（2）帝王蕉（P. Radjah）

帝王蕉引自国际香蕉种质交换库（ITC），植株高大，花序轴裸，果实切面椭圆形，果肉浅黄色，味微酸，果实品质中等（图4-114至图4-117）。

图4-114 帝王蕉植株

图4-115 帝王蕉果穗

图4-116　帝王蕉果梳

图4-117　帝王蕉果指

（3）王公蕉（P. Raja）

王公蕉引自马来西亚，植株高大，假茎具黑斑，果指长大，果顶瓶颈状，果柄较短粗，果肉浅黄至黄色，果实品质好（图4-118至图4-121）。

图4-118　王公蕉植株

图4-119　王公蕉果穗

图4-120　王公蕉果梳

图4-121　王公蕉果指

4.2.1.4 买毛里蕉（Maia Maoli）

（1）小黑芭蕉（*Musa* AAB Maia Maoli cv. Xiao Hei Ba Jiao）

小黑芭蕉收集于云南。植株高大，雄花黄色，果指大，稍具棱角，成熟金黄色，果顶圆，果皮较厚，果实品质好，稍有酸味（图4-122至图4-127）。

图4-122 小黑芭蕉植株

图4-123 小黑芭蕉果穗、花序轴和雄花蕾

图4-124 小黑芭蕉雄花蕾

图4-125 小黑芭蕉果梳

图4-126 小黑芭蕉果梳背面

图4-127 小黑芭蕉果指

（2）千指蕉（*Musa* AAB Pisang Seribu）

千指蕉引自国际香蕉种质交换库（ITC），植株较高大，雄花黄色，中性花或雄花发育成小果，果指葫芦形，果肉黄色，味甜微酸（图4-128至图4-134）。

4 种质多样性

图4-128 千指蕉植株

图4-129 千指蕉果穗

图4-130 千指蕉雄花蕾

图4-131 千指蕉结果雄花

图4-132 千指蕉果梳

图4-133 千指蕉果梳背面

图4-134 千指蕉果指

4.2.1.5 波媚蕉（Pome）

（1）舶拉达香蕉（*Musa* AAB Prata）

舶拉达香蕉引自巴西。植株高大，味微酸，果实品质中等，抗逆性较强（图4-135至图4-138）。

图4-135 舶拉达香蕉植株

图4-136 舶拉达香蕉果穗、花序轴和雄花蕾

图4-137 舶拉达香蕉果梳背面

图4-138 舶拉达香蕉果指

（2）拍卡凡香蕉（*Musa* AAB Pacovan）

拍卡凡香蕉引自巴西，植株高大，味微酸，果实品质中等（图4-139至图4-142）。

图4-139 拍卡凡香蕉植株

图4-140 拍卡凡香蕉果穗、花序轴和雄花蕾

图4-141 拍卡凡香蕉果梳

图4-142 拍卡凡香蕉果指

4.2.1.6 克拉特蕉（Pisang Kelat）

（1）鸡蕉（*Musa* AAB Pisang Kelat cv. Ji Jiao）

鸡蕉收集于广西，贵州称小米蕉。植株中等大，果穗斜生，雄花苞片排列呈大覆瓦状，雄花黄色，果指小，味酸，果实品质中等，株产较低，具较强的抗逆性和抗病性（图4-143至图4-149）。

图4-143 鸡蕉植株

图4-144 鸡蕉果穗、花序轴和雄花蕾

图4-145 鸡蕉雄花蕾

图4-146 鸡蕉雄花

图4-147 鸡蕉果梳

图4-148 鸡蕉果梳背面

图4-149 鸡蕉果指

（2）派利比达（Pelipita）

派利比达引自国际香蕉种质交换库（ITC），植株高大，果顶瓶颈状，果皮厚，果肉粉质，味甜，果实品质优（图4-150至图4-153）。

图4-150 派利比达植株　　　　　　图4-151 派利比达果穗

图4-152 派利比达果梳　　　　　　　图4-153 派利比达果指

（3）通蕉（Cai. Thom AAB）

通蕉引自越南，植株高大，假茎中绿，果形直，果皮厚，果柄短粗，果成熟后果肉质地硬，果肉黄色，味浓甜，果实品质优（图4-154至图4-157）。

图4-156 通蕉果梳

图4-154 通蕉植株　　　　图4-155 通蕉雄花蕾　　　　图4-157 通蕉果指

4.2.1.7　Plantain subgroup

（1）牛角大蕉（*Musa* AAB Horn Plantain）

①坦多蕉（Dundock）

坦多蕉引自马来西亚，属Plantain subgroup，植株高大，假茎紫红色，果指特大，单果重有时可达1千克，形状如水牛角，果梳数和果指数少，常无雄花蕾，成熟时果肉质地硬，果肉黄色，煮熟后风味好（图4-158至图4-161）。

图4-158 坦多蕉植株

图4-159 坦多蕉果穗

图4-160 坦多蕉果梳

图4-161 坦多蕉果指切面

②奈俊（Nendran）

奈俊引自印度，植株高度中等，吸芽具粉紫红色，果梳数较少，果指较长大，果顶长瓶颈状，果肉黄色，果实品质中等（图4-162至图4-165）。

图4-162 奈俊植株

图4-163 奈俊果穗

图4-164　奈俊果梳

图4-165　奈俊果指

③飞亚-21（FHIA-21，AAAB）

飞亚-21引自国际香蕉种质交换库（ITC），是人工杂交育成的四倍体品种，生果浅绿色，果长大，果肉黄色，果实品质一般（图4-166至图4-172）。

图4-166　飞亚-21香蕉植株

图4-167　飞亚-21香蕉果穗

图4-168　飞亚-21香蕉雄花蕾

图4-169　飞亚-21香蕉雄花

图4-170　飞亚-21香蕉果梳

图4-171　飞亚-21香蕉果梳背面

图4-172　飞亚-21香蕉果指

（2）法国大蕉（*Musa* AAB French Plantain）

渝芭2号大蕉

渝芭2号大蕉收集于四川省，植株高大，果指灰绿色，中感镰刀菌枯萎病1号生理小种，果指短粗，具棱角，果皮较厚，成熟时果肉哑黄色，果肉质地硬，粉质，果实风味好（图4-173至图4-178）。

图4-173　渝芭2号大蕉植株

图4-174　渝芭2号大蕉果穗

图4-175　渝芭2号大蕉果梳

图4-176　渝芭2号大蕉果梳背面

图4-177　渝芭2号大蕉果指

图4-178　渝芭2号大蕉果指切面

4.2.2 大蕉

大蕉（*Musa × Paradisiaca* Linnaens）是尖苞片蕉与长梗蕉的杂交后代，基因型为ABB。假茎无黑斑着色，花序裸，雄花黄色，果指具棱角、两头细、长纺锤形，果肉橙黄色，味甜且微酸，少或无香味，以上半年收获的果实品质好，抗性强，在中国多为零星栽培。依植株高度分为高秆、中秆两类。

4.2.2.1 高秆大蕉

植株高大，假茎高4米以上，果指较长大，果柄长，雄花黄色，果实含酸量稍高。代表品种有高脚大蕉、畦头大蕉等。

（1）高脚大蕉

高脚大蕉详见图4-179至图4-183。

图4-179　高脚大蕉植株

图4-180　高脚大蕉雄花

图4-181　高脚大蕉果梳

图4-182　高脚大蕉果梳背面

图4-183　高脚大蕉果指

（2）畦头大蕉

畦头大蕉收集于江门新会，植株高大，假茎粗壮，果指顶部圆至钝尖，抗风性强（图4-184至图4-187）。

图4-184　畦头大蕉植株

图4-185　畦头大蕉雄花蕾

图4-186　畦头大蕉果梳

图4-187　畦头大蕉果指

4.2.2.2　中秆大蕉

中秆大蕉植株中等，假茎高度一般2.5～3.5米，假茎较粗，产量较高，抗逆性和抗病性强，多为栽培品种。东莞中把大蕉（图4-188至图4-192）、中山中把大蕉、顺德中把大蕉、海南酸大蕉等是目前我国主栽大蕉品种。

4 种质多样性

图4-188　东莞中把大蕉植株

图4-189　东莞中把大蕉雄花

图4-190　东莞中把大蕉果梳

图4-191　东莞中把大蕉果梳背面　　　　图4-192　东莞中把大蕉果指

4.2.3　粉大蕉

假茎中高至高，果指具棱角，被粉或不被粉，雄花紫红色，果肉多白色、乳白色至浅黄色，果肉质地较软，多数品种味甜、微酸。

·101·

（1）中山粉大蕉

中山粉大蕉零星分布于广东省珠江三角洲地区，植株较高大，假茎中绿色，具少量黑斑，果皮白灰色，成熟时黄色或被粉淡黄色。中抗镰刀菌枯萎病1号生理小种，耐寒性较强（图4-193至图4-198）。

图4-193　中山粉大蕉植株

图4-194　中山粉大蕉雄花蕾及雄花

图4-195　中山粉大蕉果穗

图4-196　中山粉大蕉果梳

图4-197　中山粉大蕉果梳背面

图4-198　中山粉大蕉果指

（2）银丰1号粉大蕉

银丰1号粉大蕉是从福建收集种质获得的筛选品系，植株较高大，假茎有黑色斑，果皮灰白色，成熟后黄色或粉黄色，果肉白色或果心处有淡黄色，果肉质地较软，果皮易受伤变黑色，货架期稍短，品质浓甜，无酸味（图4-199至图4-204）。

图4-199　银丰1号粉大蕉植株

图4-200　银丰1号粉大蕉果穗、花序轴和雄花蕾

图4-201　银丰1号粉大蕉雄花蕾

图4-202　银丰1号粉大蕉果梳

图4-203　银丰1号粉大蕉果梳背面

图4-204　银丰1号粉大蕉果指

（3）银卡大蕉

银卡大蕉是引自国际香蕉种质交换库（ITC）种质的突变体，假茎绿色，叶姿直立，雄花紫红色，离生花瓣紫红色，未成熟果实的果皮灰色，成熟时果皮黄色，果肉质地稍软、乳黄色，味微酸，果实品质中等（图4-205至图4-210）。

图4-205 银卡大蕉植株

图4-206 银卡大蕉果穗、花序轴和雄花蕾

图4-207 银卡大蕉雄花蕾

图4-208 银卡大蕉果梳

图4-209 银卡大蕉果梳背面

图4-210 银卡大蕉果指

（4）勐腊酸大蕉

勐腊酸大蕉收集于云南勐腊。果皮绿色至灰绿色，果顶钝尖，成熟时金黄色。果肉质地稍软，果实品质中等（图4-211至图4-217）。

图4-211 勐腊酸大蕉植株

图4-212 勐腊酸大蕉果穗

图4-213 勐腊酸大蕉雄花蕾

图4-214 勐腊酸大蕉雄花

图4-215 勐腊酸大蕉果梳

图4-216 勐腊酸大蕉果梳背面

图4-217 勐腊酸大蕉果指

（5）四方大蕉

四方大蕉收集于海南，源自国外。果指较短，常起褐斑，果肉质地软、乳黄色，果实品质中等（图4-218至图4-223）。

图4-218 四方大蕉植株

图4-219 四方大蕉果穗

图4-220 四方大蕉雄花

图4-221 四方大蕉果梳

图4-222 四方大蕉果梳背面

图4-223 四方大蕉果指

（6）澳头粉大蕉

澳头粉大蕉收集于广东省惠州市惠东县澳头，果指较短小，果顶钝尖，果肉乳白色、质地软，味甜极少酸，品质好（图4-224至图4-230）。

图4-224 澳头粉大蕉植株

图4-225 澳头粉大蕉果穗、花序轴和雄花蕾

4 种质多样性

图4-226 澳头粉大蕉雄花蕾

图4-227 澳头粉大蕉雄花

图4-228 澳头粉大蕉果梳

图4-229 澳头粉大蕉果梳背面

图4-230 澳头粉大蕉果指

（7）沙巴大蕉

沙巴大蕉引自国际香蕉种质交换库（ITC），假茎绿色无着色，叶片深绿色，果指肥大，果顶圆，棱角明显，果皮厚，熟果碰伤果皮易变黑，果肉质地较软，味甜，果实品质中等（图4-231至图4-237）。

图4-231　沙巴大蕉植株

图4-232　沙巴大蕉果穗

图4-233　沙巴大蕉雄花蕾

图4-234　沙巴大蕉雄花

图4-235 沙巴大蕉果梳　　　图4-236 沙巴大蕉果梳背面　　　图4-237 沙巴大蕉果指

（8）千旁培（Kluai Tiparot）

千旁培植株高大，叶深绿色，叶片厚，果被粉，雄花复合花瓣浅紫红色，雄花不脱落，果指粗大，果皮厚，果柄粗短，果肉质地粗，粉质，味浓甜。具有较强的耐寒性，中抗镰刀菌枯萎病（图4-238至图4-244）。

图4-238 千旁培植株　　　图4-239 千旁培果穗、雄花蕾

图4-240 千旁培雄花　　　图4-241 千旁培常无雄花蕾

图4-242 千旁培果梳

图4-243 千旁培果梳背面

图4-244 千旁培果指

（9）金山大蕉

金山大蕉收集于广东东莞，源自国外。植株高大，果指长大，果皮常起褐斑，果肉质地软，甜味淡，品质中等（图4-245至图4-251）。

图4-245 金山大蕉植株

图4-246 金山大蕉果穗

图4-247 金山大蕉雄花蕾

图4-248 金山大蕉雄花

图4-249 金山大蕉果梳

图4-250 金山大蕉果梳背面

图4-251 金山大蕉果指

4.2.4 粉蕉

粉蕉（*Musa* ABB Pisang Awak）是尖苞片蕉与长梗蕉的杂交后代。植株高大，雄花紫红色，果实被蜡粉或少被蜡粉，果指棱角不明显，成熟时味甜、少酸、皮薄，品质优，抗逆性强但感镰刀菌枯萎病1号生理小种。

（1）广粉1号粉蕉

广粉1号粉蕉植株假茎高度4.0～4.5米，假茎中绿色，花序轴裸，果顶尖，果柄长度为3.2厘米，果棱角不明显，生果皮中绿色，极少被蜡粉，成熟时果皮黄色、薄，果肉主要为奶油色或乳白色，心室内壁果肉为黄色，果实可食率79%，果肉质地细滑，味浓甜，无香或微香，果实品质好，株产高，具有较强的抗旱性和耐寒性，但易感镰刀菌枯萎病（图4-252至图4-258）。

图4-252 广粉1号粉蕉植株

图4-253 广粉1号粉蕉果穗、花序轴和雄花蕾　图4-254 广粉1号粉蕉雄花蕾

图4-255 广粉1号粉蕉雄花

图4-256 广粉1号粉蕉果梳

图4-257　广粉1号粉蕉果梳背面

图4-258　广粉1号粉蕉果指

（2）南矮粉1号

南矮粉1号是广粉1号粉蕉的变异资源，植株较矮，中性花很多梳，可做育种材料（图4-259至图4-263）。

图4-259　南矮粉1号植株

图4-260　南矮粉1号果穗

图4-261　南矮粉1号果梳

图4-262　南矮粉1号果梳背面

图4-263　南矮粉1号果指

（3）粉杂1号粉蕉

粉杂1号粉蕉（*Musa* × *pradisiaca* ABBB），也称苹果（粉）蕉，是2011年由广东省农业科学院果树研究所和中山市农业局利用广粉1号粉蕉的偶然实生苗选育而成。树势中等，叶片开张、较短窄，假茎高325厘米。果指短而粗，果指长度和果指周长均为13.6厘米，单果重143克，平均梳重2.0千克，成熟时果皮黄色、厚0.15厘米，果肉奶油色或乳白色、质地软滑，味浓甜、微酸，回甘明显，可溶性固形物含量25.72%，总糖含量21.06%，可滴定酸含量0.45%，可食率74.2%。高抗镰刀菌枯萎病4号生理小种，株产中等，可适当密植，果实品质好，货架期较长（图4-264至图4-270）。

图4-264　粉杂1号粉蕉植株

图4-265　粉杂1号粉蕉果穗

图4-266　粉杂1号粉蕉雄花蕾

图4-267　粉杂1号粉蕉雄花

图4-268　粉杂1号粉蕉果梳

图4-269　粉杂1号粉蕉果梳背面

图4-270　粉杂1号粉蕉果指

参考文献

冯慧敏，陈友，邓长娟，等，2009. 芭蕉属野生种的地理分布[J]. 果树学报（26）3：361-368.
黄秉智，2006. 香蕉种质资源描述规范和数据标准[M]. 北京：中国农业出版社.
贾敬贤，贾定贤，任庆棉，2006. 中国作物及其野生近缘植物. 果树卷[M]. 北京：中国农业出版社.
HÄKKINEN M，VÄRE H，2008. Typification and check-list of *Musa* L. names（Musaceae）with nomenclatural notes[J]. Adansonia, sér. 3, 30（1）：63-112.

《中国果树种质资源多样性》丛书分册目录

《中国果树种质资源多样性——苹果》　　《中国果树种质资源多样性——梨》

《中国果树种质资源多样性——桃》　　《中国果树种质资源多样性——山楂》

《中国果树种质资源多样性——杏》　　《中国果树种质资源多样性——李》

《中国果树种质资源多样性——樱桃》　　《中国果树种质资源多样性——扁桃》

《中国果树种质资源多样性——葡萄》　　《中国果树种质资源多样性——猕猴桃》

《中国果树种质资源多样性——草莓》　　《中国果树种质资源多样性——石榴》

《中国果树种质资源多样性——穗醋栗与醋栗、树莓与黑莓、越橘》

《中国果树种质资源多样性——柿》　　《中国果树种质资源多样性——核桃》

《中国果树种质资源多样性——板栗》　　《中国果树种质资源多样性——枣》

《中国果树种质资源多样性——柑橘》　　《中国果树种质资源多样性——枇杷》

《中国果树种质资源多样性——杨梅》　　《中国果树种质资源多样性——梅》

《中国果树种质资源多样性——香蕉》　　《中国果树种质资源多样性——荔枝》

《中国果树种质资源多样性——龙眼》